人体行为的特征表示与识别

甄先通　编著

中国石化出版社

内容提要

人体行为识别作为计算机视觉领域的一个重要课题，尽管在过去的几十年中得到了广泛的研究，至今仍然被视为一项具有挑战性的任务，特别是在现实场景中，人体行为识别遇到巨大困难。这些困难主要源于视频数据的类内变化大、背景干扰、遮挡、光照变化和噪声等。本书回顾近年来人体行为识别的发展历程，并从全局特征表示和局部特征表示角度，介绍作者相关研究成果，并在最后介绍了骨架节点的人体行为识别、深度信息下人体行为识别和跨域的人体行为识别的最新研究工作。

本书可以作为高等院校计算机应用专业选修课程教材，也可为从事人体行为识别、计算机视觉等方向研究工作的科研工作者及工程技术人员提供参考。

图书在版编目（CIP）数据

人体行为的特征表示与识别 / 甄先通编著 . — 北京：中国石化出版社，2022.11（2023.10 重印）
ISBN 978-7-5114-6906-9

Ⅰ . ①人… Ⅱ . ①甄… Ⅲ . ①人体 – 行为分析 – 研究
Ⅳ . ① TP302.7

中国版本图书馆 CIP 数据核字（2022）第 205831 号

中国石化出版社出版发行

地址：北京市东城区安定门外大街 58 号
邮编：100011　电话：（010）57512500
发行部电话：（010）57512575
http ://www.sinopec-press.com
E-mail : press@sinopec.com
北京科信印刷有限公司印刷
全国各地新华书店经销

＊

710 毫米 ×1000 毫米　16 开本　9.75 印张　162 千字
2023 年 3 月第 1 版　2023 年 10 月第 2 次印刷
定价：48.00 元

前　言

  人体行为识别是一项庞大且复杂的系统工程，可以毫不夸张地说，它是人工智能技术发展在实际中的一个典型应用。随着传感技术的发展、数据集种类的增加以及计算机视觉和机器学习等先进技术的发展，人体行为识别一直走在计算机应用领域的前沿。近年来，人工智能技术的发展日新月异，书中所提及的算法和技术将会不断被更新和超越，甚至淘汰。作者以本书抛砖引玉，希望能帮助初学者初步了解人体行为识别。

  全书共分为 4 章。第 1 章对人体行为识别做了简要概述，从时空兴趣点、局部特征表示、全局特征表示和深度特征表示等方面阐述了国内外的研究进展。第 2 章介绍了全局特征表示下的人体行为识别方法，从运动与结构特征嵌入、时空拉普拉斯金字塔编码、时空可控能量描述符等角度阐述了全局特征表示的优势。第 3 章介绍了局部特征表示下的人体行为识别方法，特别从 BoW 方法入手，介绍了稀疏编码方法、基于核匹配方法，以及朴素贝叶斯近邻及其扩展方法在人体行为识别中的性能，最后，介绍了基于图像到类距离的判别嵌入方法，特别强调了图像到类距离在局部特征表示中的优势。第 4 章从骨架节点人体行为识别、深度信息下的人体行为识别以及跨域的人体行为识别三个角度，介绍了人体行为识别的最新技术，并在第 5 章中给出总结与展望。

  笔者借此感谢参与本书编写的张磊老师，感谢她的辛勤付出。同时，本书也得到国家自然科学基金（批准号：61871016、61976060）以及广东省教育厅创新团队项目（批准号：2018KCXTD019）的部分资助，特此致谢。

目　录

第1章　人体行为识别概述

随着视频采集设备的快速普及、智慧城市下的监控视频出现，以及娱乐视频如快手、抖音等平台的火爆，视频已经成为最大的信息载体之一，其数据呈现出指数增长的趋势。面对海量视频数据，自动有效分类、识别的需求增加，尤其是监控视频中对妨碍公共安全的群体行为以及个体异常行为的检测，对社会秩序的维护以及人民生命财产安全尤为重要。人体行为识别作为其中的关键技术，成为计算机视觉领域的一个研究热点，在过去几十年中受到了越来越多的关注。除了上述智能视频监控外，人体行为识别可广泛应用于运动分析、虚拟现实、人机交互等领域，具有深厚的市场应用前景。尽管人体行为识别已经得到了广泛的研究，但在实际应用中还有很长的路要走。这些困难主要源于巨大的类内变化、背景干扰、遮挡、光照变化和噪声等影响。本章从人体行为识别介绍开始，阐述目前相关方向的国内外研究现状，以及人体行为识别公开的主流数据集。

1.1　人体行为识别介绍

人类借助视觉感知外部环境和理解周边世界，据悉，人类获取的信息80%来自视觉，而人类大脑皮层的主要活动也主要集中在处理视觉相关信息。正因为人类视觉如此重要，计算机视觉一直是计算机科学和应用领域研究的热点。目前，计算机视觉在很多应用领域已经达到甚至超过人类视觉智能，部分技术已经大规模商业应用，如机器对人脸识别已经广泛用于铁路身份识别、高校入门门禁等，随着人脸识别等图像理解领域取得重大进展，视频理解也日益受到关注。

随着视频监控系统的大规模推广应用和用户自制视频的急剧增加，积累了海量的视频数据。这些海量视频资源面临着自动解读困难、难以检索的挑战，迫切需要发展视频自动分析和理解技术，其中人体行为识别就是研究课题之一。在智能监控中，通过对人体行为识别，从而发现场景中的异常行为；在自动驾驶环境中，通过对人体行为识别，提升无人驾驶汽车预测未来最有可能发生情况的能力，从而提高自动驾驶汽车的安全性；在医疗健康应用中，通过对人体行为识别，可帮助对用户的日常活动和状态进行监测，这对独居老人而言至关重要。这里的人体行为识别研究是指通过分析与理解传感器采集到的人体运动数据，使计算机能够理解人类的行为与意图，赋予计算机智能化特性。在具体实现过程中结合了传感器技术、认知科学、计算机视觉、神经生物学、机器学习技术等多学科知识。

本书从人体行为识别的表示层面开展分析研究工作，主要针对局部特征表示和全局特征表示展开研究工作。其中局部特征表示，也称为局部方法，是将视频序列（图像）编码为局部时空特征（局部描述符）的集合。这些局部描述符多是从时空兴趣点中提取的，这些兴趣点可以通过检测器从视频序列中稀疏地检测到。与人体行为的整体表示相比，局部方法有许多优点。如避免了一些预处理，例如整体方法中所需的背景减法和目标跟踪，以及对背景变化和遮挡的抵抗力。然而，局部表示也有不足之处，其中一个关键限制是它可能过于局部，因为它无法捕获足够的空间和时间信息。基于整体表示的方法也称为全局方法，其将视频序列作为一个整体处理，而不是使用时空兴趣点检测器进行稀疏采样或提取轨迹。在整体表示中，时空特征直接从原始视频帧中提取。因为整体表示能够通过保存视频序列中发生的动作的空间和时间结构来编码更多的视觉信息，这种方法最近引起了越来越多的关注。然而，整体表征对部分遮挡和背景变化高度敏感。此外，它们通常需要预处理步骤，如背景减法、分割和跟踪，这使得计算成本很高，在某些现实场景中甚至难以处理，从而在一定程度上影响该方法在实际中应用。

深度学习是近年来再次兴起的人工智能技术之一。深度学习试图通过模拟大脑认知的机理，解决各种机器学习的应用任务，涉及语音识别、自然语言处理和计算机视觉等领域，其中深度学习在视觉感知中取得巨大进展，为人体行为识别提供了丰富的技术储备。相对于传统的计算机视觉，深度学习在视觉感知精度方面有比较大的优势。深度学习被称为第三代神经网络，它的兴起源于现代优化技术、大数据和巨大的算力资源等方面的发展。神经网络的历史可追溯到20世纪40年代，自1986年反向传递算法的提出，成功应用于神经网络的训练，曾经在八九十年代盛行，并沿用于现代的深度学习技术中。在人体行为识别中，深度神经网络对识别系统性能的提升也取得了显著成果。

1.2 人体行为识别的国内外研究现状

人体行为识别特征表示存在很多困难，一是同类别行为的类内差异大，这种差异表现在人物衣着变化导致的视觉差异，不同人相同行为的习惯不同导致的姿态上的差异和节奏上的差异，不同视频采集设备导致视频精度的差异，以及视角变化引起的形态表观不同。二是不同类别行为的类间差异小，即由相同的背景引起的不同行为之间的差异小，如挥手和抬手等不同类的行为本身的差异小等。虽然人体行为识别存在上述各种困难，但经过数十年的发展，人体行为识别在特征表示学习上取得了一定成就。

1.2.1　时空兴趣点

低层次特征在人体行为的局部和整体表征中起着基础性作用。在过去的几十年中，许多时空描述符被提出，且被证明是有效的人体行为识别方法。

在过去的几十年中，基于时空兴趣点，人们提出了大量的局部和整体的人体行为表示方法。人体行为的时空兴趣点是由瑞典皇家工业大学 CVAP 实验室的 Laptev 等人提出。Laptev 等人将数字图像处理中的 Harris 焦点检测算子推广到三维空间，生成 3DHarris 检测算子，用以检测视频时空域中的时空角点，并根据时空角点的分布和时空角点与其领域间的相关性，构建了时空兴趣点特征来表示人体行为。Laptev 等人将光流直方图（Histogram of Flow，HOF）和定向梯度直方图（Histogram of Gray，HOG）组合为一个描述符，即 HOGHOF[1]，并证明其在人体行为识别中优于 HOG 或 HOF 作为描述符。M. Riesenhuber 等人介绍一种基于层次前馈结构的运动处理生物学模型[2]。该模型扩展了视觉皮层运动处理的神经生物学过程，并考虑了基于时空梯度和基于光流的 S1 单元。他们的工作证明了生物特征在人体行为识别中的潜力。Oikonomopoulos 等人[3]在 Laptev 等人基础上，改进了 3DHarris 检测算子，提出基于 2D 拐角点检测的时空兴趣点特征描述符。A. Kläser 等直接从 2D 域中的对应梯度扩展得到 3D 梯度，得到定向 3D 梯度直方图（HOG3D）[4]作为描述符，并将其应用于许多人体行为识别任务中。Jhuang 等人首次利用基于 Gabor 滤波器的生物启发特征进行人体行为识别[5]。Willems 等人进一步对时空兴趣点特征的尺度不变性进行改进，提出了基于 Hessian 的时空兴趣点检测算法[6]。类似地，Scovanner 等人将尺度不变特征变换（Scale-Invariant Feature Transform，SIFT）的思想扩展到时空视频序列，作为 3D-SIFT 描述符[7]。受局部二元模式（Local Binary Patterns，LBP）的启发，Yeffet 和 Wolf[8]提出了一个名为局部三元模式（Local Trinary Patterns，LTP）的全局描述符，该描述符成功地用于人体行为识别。

1.2.2 局部特征表示

在本节中，我们将回顾基于时空兴趣点和轨迹的动作识别的最新局部特征表示方法。为了补偿局部表示中结构信息的损失，许多方法试图通过探索时空结构信息来改进局部表示 [9]，包括每个兴趣点的上下文信息 [10, 11]、时空兴趣点之间的关系 [12, 13] 和基于邻域的特征 [14]。为了对更高层次的特征编码，研究者还探索了 BoW 模型中视觉词与其语义之间的关系 [15-18]。也有研究者提出了新的局部描述符 [19, 20]，以改进局部方法的性能。此外，为了减轻 BoW 模型中的量化误差，稀疏编码也被引入到人体行为识别中，以学习更紧凑、更丰富的人体行为识别的表示 [21]。本节将对这些方法进行更详细的描述。

Sun 等人 [10] 提出通过利用三个层次的上下文，即点级、轨迹内和轨迹间上下文，以分层方式对时空上下文信息进行建模。在他们的工作中，首先使用尺度不变特征变换（SIFT）提取轨迹。点级上下文是在轨迹上的显著点处提取的 SIFT 描述符的平均值。轨迹内和轨迹间上下文由马尔可夫过程的转移矩阵建模，并编码为轨迹转移和轨迹接近描述符。为了捕捉局部描述符之间信息量最大的时空关系，Kovashka 和 Grauman[14] 提出学习时空邻域特征的层次结构。其主要思想是考虑从每个兴趣点周围的分层相邻信息的新特征构造更高层次的词汇。Matikainen 等人 [12] 提出通过将区分表示的能力与朴素贝叶斯的关键方面相结合，来表达量化特征之间的成对关系，其中局部特征之间的关系用每对兴趣点之间量化位置差异的分布建模。这里考虑了两个基本特征，即 STIP-HOG 和量化的轨迹。Gaur 等人 [9] 通过将视频视为原始特征（例如 STIP 特征）的时空集合，将视频中的活动建模为"特征图串"（String of Feature Graphs，SFG）。他们将特征划分为小的时间单元，并将视频表示为此类特征单元的时间有序集合，每个单元由表示低级特征的空间排列的图形结构组成，进而将一个视频表示成一组这样的图形，而对两个视频的比较就是匹配两组图形。Lu 等人 [16] 声称中级特征之间的高阶语义相关性（例如，来自词袋模型表示）有助于填补语义空白，提出了新的谱方法，通过非参数图和超图的谱嵌入，从丰富的中级特征中学习潜在语义。从原始的词袋模型表示中为每个视频导出一个新的语义感知表示（即高级特征的直方图），并基于新的表示使用直方图交叉核的支持向量机对人体行为进行分类。Wang 等人 [11] 提出了一种新的局部表示方法，通过上下文特征增强局部特征，从而捕获兴趣点之间的交互信息。与以往挖掘上下文信息的工作不同，这里上下文信息被认为是每个兴趣点的三维邻域中的时空统计信息。计算上下文特征的多尺度通道，对于每个通道，使用规则网格对兴趣点的局部邻域中的时空信息进行编码，并采用多核学习整合来自不同渠道的上下文特征。在他们的工作中，引入了一种基于运动边界直方图的新型描述符来编码轨迹信息。稠密轨迹的显著性能很大程度上得益于稠密采样对场景和上下文信息的丰富描述，以及对轨迹运动信息的鲁棒提取。Zhang 等人[17]提出了一个新概念，称为时空短语（Spatio-Temporal Phrase，STP），用来对局部视觉中时间顺序和空间几何信息编码，进一步对丰富的视觉单词之间相互关系建模。时空短语是指 k 个视觉单词在一定的时空结构中的组合，包括它们的顺序和相对位置。至此视频被表示为一组时空短语，这比词袋模型具有更强的信息性。为了捕捉兴趣点的几何分布，由于三维 R 变换对几何变换具有不变性，对噪声具有鲁棒性，Yuan 等人[13]根据兴趣点的三维位置对其应用三维 R 变换，然后采用（2D）^{2}PCA 从三维 R 变换中降低二维特征矩阵的维数，获得所谓的 R 特征。为进一步对外观特征进行编码，他们将 R 特征与词袋模型（Bag of Word，BoW）表示相结合。最后，他们提出一种上下文感知的融合方法来有效地融合这两个特征。具体来说，一个特征用于计算每个视频的上下文，另一个用于计算用于人体行为识别的上下文感知内核。在 BoW 模型中，中间层特征是通过 k-means 聚类得到的，但是由于其只使用了外观相似性，因此不能捕获低层特征之间的语义关系。由于扩散映射可以捕捉流形上中层特征点之间的局部内在几何关系，Liu 等人[15]提出使用扩散映射从丰富的量化中层特征中自动学习语义视觉词汇，每个中间层特征由逐点互信息向量（Point-wise Mutual Information，PMI）表示。Wang 等人[18]提出了一个称为半监督特征相关挖掘（Semi-supervised Feature Correlation Mining，SFCM）的框架，该框架假设视频序列中属于 BoW 模型中同一类别的视觉单词相互关联并共同反映特定的人体行为类别，并假设视觉单词在低层空间中共享一个公共结构。利用共享结构，通过考虑全局和局部结构的一致性，训练了一种用于动作标注的鉴别性和鲁棒性分类器。Shapovalova 等人[22]提出使用基于局部特征的全局 BoW 直方图，结合 BoW 直方图聚焦感兴趣的潜在区域，对视频进行建模。其中感兴趣的潜在区域是视频的时空子区域，而模型参数由一个相似性约束的潜在支持向量机学习，而这个相似性约束强制一个类的所有视频中选择的潜在区域保持一致。Le 等人[19]没有使用 HOGHOF、HOG3D 和 MBH（Motion Boundary History）等特征，而是引入了一种称为独立子空间分析（Independent Subspace Analysis，ISA）的无监督深度学习算法，该算法从未标记的视频中学习兴趣点的时空特征。在深度模型中采用卷积和叠加的方法学习层次表示。正如 Wang 等人[23] 所指出的，密集采样往往比稀疏检测的时空兴趣点产生更好的结果。同样基于密集轨迹，Jiang 等人[24] 提出了一种新的视频表示方法，该方法将轨迹描述符与成对轨迹位置以及运动模式相结合。采用全局和局部参考点来描述运动信息，实现对摄像机运动具有鲁棒性。运动特征被认为是人体行为识别最可靠的信息来源，因为它与感兴趣的区域有关。Jain 等人引入了发散旋度剪切（Divergence Curl Shear，DCS）描述符来编码标量一阶运动特征。其中包括运动散度、旋度和剪切度，它们捕捉了流型的物理特性。为了处理背景噪声和摄像机运动的不稳定性，Jain 等人[37] 采用仿射模型进行运动补偿，以提高描述子的质量。此外，Jain 等人还使用了稠密轨迹，并引入了局部聚集描述符向量（Vector of Locally Aggregated Descriptors，VLAD）对局部特征进行最终编码。结果表明，该方法优于标准 BoW 模型。但尽管密集采样随着采样步长的减小表现出越来越高的性能，但它不能很好地扩展到大量局部块，甚至在计算上难以处理大规模视频数据集。Vig 等人[25] 提出通过显著性映射算法选择信息区域和描述符。这些区域要么被重点使用，要么被赋予更大的代表性权重。通过使用基于显著性的修剪，可以在保持其在如 Hollywood2 等数据集的高性能同时，丢弃多达 70% 的描述符。Guha 和 Kreidieh[21] 没有使用 BoW 模型，而是将稀疏表示引入视频中的人体行为识别上下文中。从训练集中的一组局部时空描述符中学习完备的字典，与包含聚类和矢量量化的 BoW 模型相比，基于稀疏编码学习的字典所获得的表示更加紧凑。Guha 等人[21] 研究了三种字典选择，即共享字典、类特定字典和连接字典，并分别分析其性能。

1.2.3 全局特征表示

全局表征表示具有良好的结构信息保存能力，在人体行为识别中发挥着重要作用。

Bobick 等人[26] 通过将帧序列投影到单个图像，即运动历史图像（Motion History Image，MHI）和运动能量图像（Motion Energy Image，MEI）上，提出时间模板。其中 MHI 表示运动如何发生，而 MEI 记录运动的位置。在背景相对静止的情况下，这种表示给出了令人满意的性能。Efros[27] 介绍了一种新的运动描述符，该描述符基于以运动图像为中心的时空体积上的平滑和聚合光流测度，以及用于最近邻框架的相关相似性度量。为了人体行为进行分类，该方法从存储的带注释的视频序列数据集中检索最近邻。Yilmaz 和 Shah[28] 提出人体形状和运动对人体行为基于时空体积（Spatio Temporal Volume，STV）进行建模。时空体积是由一系列对于时间变化的二维轮廓相生成。通过对微分几何表面特性进行分析，利用 STV 生成可以捕获空间和时间信息的动作描述符，并将人体行为识别表述为图论问题。Gorelick 等人[29]将视频序列中的人体行为视为由时空体积中的轮廓所表示的三维形状，根据 Possion 方程解的特性提取时空特征，例如局部时空显著性、人体行为动力学、形状结构和方向。Rodriguez 等人[30]介绍了一种基于模板的方法，在该方法中，最大平均相关高度（Maximum Average Correlation Height，MACH）滤波器被推广用于频域中，并将视频作为三维时空体进行分析。MACH 通过合成单动作的 MACH 滤波器对给定的人体行为表示，来描述类内可变性。Ali 和 Shah[31]提出了一组源自光流的运动学特征，用于表示全局动作特征。运动学特征集包括散度、涡度、对称和反对称流场、流动梯度和应变率张量的第二和第三主分量以及旋转率张量的第三主分量。当从一系列图像的光流计算出每个运动学特征时，产生时空模式，用于人体行为识别。

神经网络和深度学习算法也被用于学习时空全局特征以实现整体表示。通过将 RBMs 扩展到时空域，Taylor 等人[33]提出了一种新的卷积门控受限 Boltzman 机器（Gated Restricted Boltzman Machine，GRBM），用于学习时空特征。他们的模型采用了概率最大池化技术。类似地，Ji 等人[34]开发了一种基于二维模型的三维卷积神经网络（Convolutional Neural Network，CNN），用于特征提取。在 3D CNN 中，通过在空间和时间维度上执行卷积来捕获多个相邻帧中的运动信息。然而，与文献 [19，33] 类似，在该模型中，需要调整的参数数量非常大，有时超过可用的训练样本数量，这限制了其适用性。最近，Sadanand 和 Corso[35]提出了一种高级表示，即行为库（action bank），其中定向能量特征用于生成行为库检测器的模板，并使用调整后的 3D 高斯三阶导数滤波器实现时空方向分解。

1.2.4 深度特征表示

随着深度学习在图像分类中取得的重大进展，将深度学习用于人体行为识别也引起了大量关注。Toshev 等人[36]直接利用级联的标准卷积神经网络回归图像中人体的笛卡尔坐标。但当回归预测值与真实值之间的偏移误差较大时，实际训练过程中网络优化很难收敛。随着大量带有三维信息标注的数据集出现，许多研究直接以原始图像为输入，利用深度学习框架计算得到三维信息点。如 Pavlakos 等人提出，对人体周围的 3D 空间进行精细离散化，并训练卷积神经网络预测每一个关节的可能性，再采用粗到细的预测方案进一步改进初始估计。Simonyan

等人[37]利用分别带有空间与时间信息的彩色图像和光流密度图像作为输入，提取一种双流卷积神经网络，分别用来建模序列化动作，最后实现端到端的识别。Tran 等人[38]利用原始序列图像作为输入，提取一种三维卷积神经网络用于序列化行为的建模和识别。Donahue 等人[39]以序列图像为输入，利用卷积神经网络提取每帧图像的特征，再用 LSTM 建模序列化的动作，从而实现端到端的识别。Peng 等人[40]提出一种跨区域的双流 R–CNN 架构的动作检测框架；Liu 等人[15]提出一种多模态多任务的循环神经网络（RNN）框架并用于融合 RGB 彩色数据和骨骼数据的动作识别和检测中。

1.3　人体行为识别数据集

在过去的几十年中，许多人体行为数据集已经发布供公众使用。本节主要对本书使用的 KTH、IXMAS、UCF Sports、UCF YouTube 和 HMDB51 数据集进行了详细的描述。

KTH[42]是一个常用的基准动作数据集，包含 599 个视频剪辑。25 名受试者在四个不同场景中进行了六个人体动作课程，包括步行（walking）、慢跑（jogging）、跑步（running）、拳击（boxing）、挥手（hand waving）和拍手（hand clapping），采集条件包括户外（S1）、尺度变化的户外（S2）、穿着不同衣服的户外（S3）和照明变化的室内（S4），具体如图 1–1 所示。

图 1–1　KTH 数据集示例

IXMAS[43]包含 11 个动作类别。每个动作由十名演员重复执行三次，并由五台摄像机同时记录。这些动作包括看表、交叉手臂、挠头、坐下、起身、转身、走路、挥手、拳打、踢腿和拾起，具体如图 1-2 所示。我们分别处理五个摄像头，即在单个视图上执行训练和测试。本书的实验设置，在该数据集采用相同的 leave-one-out 评估方案[43]。

图 1-2　IXMAS 数据集示例

UCF Sports[30] 是一个 150 个广播 Sports 视频的集合，包括十种不同类型的动作，包括跳水（diving）、鞍马（swing bench）、踢腿（kicking）、举重（lifting）、骑马（riding horse）、跑步（running）、滑板（skate boarding）、单杠（swing side）、高尔夫挥杆（golf swing）和步行（walking）。该数据集来源于自然的动作，并以各种不同场景和视点变化为特色（图 1-3）。

图 1-3　UCF Sports 数据集示例

UCF YouTube[15] 具有挑战性，因为相机运动、对象外观和姿势、对象比例、视点、杂乱的背景和照明条件变化很大。该数据集共包含1168个序列和11个动作类别。鉴于无法控制视频捕获过程，该数据集具有以下特性：①稳定的摄像头和不稳定的摄像头的混合；②杂乱的背景；③对象比例的变化；④不同的视点；⑤不同的照明，以及⑥低分辨率。这个动作数据集包含11个类别：投投篮（b_shooting）、排球扣球（v_spiking）、蹦床跳跃（t_jumping）、足球杂耍（s_juggling）、骑马（h_riding）、骑自行车（cycling）、跳水（diving）、荡秋千（swinging）、高尔夫挥杆（g_swinging）、网球挥拍（t_swinging）和散步（walking with a dog），具体如图1-4所示。本书实验没有特殊声明，都遵循文献[15]中的实验设置。

图 1-4　UCF YouTube 数据集示例

HMDB51 人体运动数据集 [44] 包含 51 个不同的类别，每个类别中至少有 101 个剪辑，从广泛的来源中提取总共 6766 个视频剪辑。此数据集中的动作类别可分为五种类型：①一般面部动作：微笑（smile）、大笑（laugh）、咀嚼（chew）、交谈（talk）。②面部操作与对象操作：吸烟（smoke）、吃（eat）、喝（drink）。③一般的身体动作：侧手翻（cartwheel）、拍手（clap hands）、爬（climb）、爬楼梯（climb stairs）、跳水（dive）、落在地板上（fall on the floor）、反手翻转（backhand flip）、倒立（handstand）、跳（jump）、拉（pull up）、俯卧撑（push up）、跑（run）、坐下来（sit down）、坐起来（sit up）、翻跟头（somersault）、站起来（stand up）、转身（turn）、走（walk）、挥手（wave）。④与对象交互动作：梳头（brush hair）、抓（catch）、抽出宝剑（draw sword）、运球（dribble）、高尔夫（golf）、击打（hit something）、踢球（kick ball）、挑（pick）、倒（pour）、推东西（push something）、骑自行车（ride bike）、骑马（ride horse）、射球（shoot ball）、射箭（shoot bow）、射击（shoot gun）、挥棒球棍（swing baseball bat）、练剑（sword exercise）、扔（throw）。⑤人体动作：击剑（fencing）、拥抱（hug）、踢某人（kick someone）、亲吻（kiss）、拳打（punch）、握手（shake hands）、击剑（sword fight），具体如图 1-5 所示。

梳头	侧手翻	抓	咀嚼	拍手	爬	爬楼梯
跳水	抽出宝剑	运球	喝	吃	落在地板上	击剑
跳舞	高尔夫	倒立	击打	拥抱	跳	踢
踢球	亲吻	大笑	挑	倒	拉	拳打

图 1-5　HMDB51 数据集示例

推　　　　俯卧撑　　　骑自行车　　　骑马　　　　跑　　　　握手　　　　射球

射箭　　　　射击　　　　坐　　　　坐起来　　　微笑　　　　吸烟　　　　翻跟头

站立　　　挥棒球棍　　　练剑　　　　击剑　　　　交谈　　　　扔　　　　转身

走　　　　挥手

图 1-5　HMDB51 数据集示例（续）

除上述人体行为数据集之外，近年来又出现新的规模更大的数据集，包括 Kinetics-400、Kinetics-600、Kinetics-700，这是一组大规模、高质量的 URL 链接数据集，其中包含多达 650000 个视频片段，分别涵盖 400/600/700 个动作类，具体取决于数据集版本。这些视频包括乐器演奏等人机交互，以及握手和拥抱等人机交互。每个动作类至少有 400/600/700 个视频片段。每段视频都由一个动作类进行人工注释，持续约 10s。而 Youtube8M 的数据集中，视频数据集的原始大小为数百 TB，覆盖超过 50 万小时的视频，包含 8264650 个视频，涵盖 4800 个类别。

参 考 文 献

［1］Ivan Laptev，Marcin Marszalek，Cordelia Schmid，Benjamin Rozenfeld. Learning realistic human actions from movies. IEEE Conference on Computer Vision and Pattern Recognition，IEEE，2008：1-8.

［2］M Riesenhuber，T Poggio. Models of object recognition. Nature Neuroscience，2000，3 Suppl：199-204.

［3］A Oikonomopoulos，I Patras，M Pantic. Spatiotemporal salient points for visual recognition of human actions. IEEE Transactions on Systems，Man，and

Cybernetics, Part B : Cybernetics, 2005, 36（3）: 710–719.

[4] A Kläser, M Marsza lek, C Schmid. A spatio–temporal descriptor based on 3d–gradients. British Machine Learning Conference, 2008 : 995–1004.

[5] Hueihan Jhuang, Thomas Serre, Lior Wolf, Tomaso Poggio. A biologically inspired system for action recognition. IEEE International Conference on Computer Vision, 2007 : 1–8.

[6] Geert Willems, Tinne Tuytelaars, L. Van Gool. An efficient dense and scale–invariant spatio–temporal interest point detector. European Conference on Computer Vision, 2008 : 650–663.

[7] P Scovanner, S Ali, M Shah. A 3–dimensional sift descriptor and its application to action recognition.15th International Conference on Multimedia. ACM, 2007 : 357–360.

[8] Lahav Yeffet, Lior Wolf. Local trinary patterns for human action recognition. IEEE International Conference on Computer Vision, 2009 : 492–497.

[9] Utkarsh Gaur, Y Zhu, B Song, A Roy–Chowdhury. A string of feature graphs model for recognition of complex activities in natural videos. IEEE International Conference on Computer Vision, 2011 : 2595–2602.

[10] Ju Sun, Xiao Wu, Shuicheng Yan, et al. Hierarchical spatio–temporal context modeling for action recognition. IEEE Conference on Computer Vision and Pattern Recognition, 2009 : 2004–2011.

[11] Heng Wang, A Kläser, Cordelia Schmid, L Cheng–Lin. Action recognition by dense trajectories. IEEE Conference on Computer Vision and Pattern Recognition, 2011.

[12] Pyry Matikainen, Martial Hebert, and Rahul Sukthankar. Representing pairwise spatial and temporal relations for action recognition. European Conference on Computer Vision, 2010 : 508–521.

[13] Chunfeng Yuan, Xi Li, Weiming Hu, et al. 3d transform on spatio–temporal interest points for action recognition. IEEE Conference on Computer Vision and Pattern Recognition, 2013.

[14] Adriana Kovashka, Kristen Grauman. Learning a hierarchy of discriminative space–time neighborhood features for human action recognition. IEEE Conference

on Computer Vision and Pattern Recognition, 2010 : 2046-2053.

[15] J Liu, J Luo, M Shah. Recognizing realistic actions from videos in the wild. IEEE Conference on Computer Vision and Pattern Recognition, 2009 : 1996-2003.

[16] Zhiwu Lu, Yuxin Peng. Spectral learning of latent semantics for action recognition. IEEE International Conference on Computer Vision, 2011 : 1503-1510.

[17] Yimeng Zhang, Xiaoming Liu, et al. Spatio-temporal phrases for activity recognition. European Conference on Computer Vision, 2012 : 707-721.

[18] Sen Wang, Yi Yang, Zhigang Ma, et al. Action recognition by exploring data distribution and feature correlation. IEEE Conference on Computer Vision and Pattern Recognition, 2012 : 1370-1377.

[19] Q V Le, W Y Zou, S Y Yeung, et al. Learning hierarchical invariant spatio-temporal features for action recognition with independent subspace analysis. IEEE Conference on Computer Vision and Pattern Recognition, 2011.

[20] Mihir Jain, Herve Jegou, Patrick Bouthemy, et al. Better exploiting motion for better action recognition. IEEE Conference on Computer Vision and Pattern Recognition, 2013.

[21] Tanaya Guha, Rabab K Ward. Learning sparse representations for human action recognition. IEEE Transactions on Pattern Analysis and Machine Intelligence, 2012, 34 (8): 1576-1588.

[22] Nataliya Shapovalova, Arash Vahdat, Kevin Cannons, et al. Similarity constrained latent support vector machine : an application to weakly supervised action classification. European Conference on Computer Vision, 2012 : 55-68.

[23] H Wang, M M Ullah, A Kläser, et al. Evaluation of local spatio-temporal features for action recognition. British Machine Vision Conference, 2009.

[24] Yu-Gang Jiang, Qi Dai, Xiangyang Xue, et al. Trajectory-based modeling of human actions with motion reference points. European Conference on Computer Vision, 2012 : 425-438.

[25] Eleonora Vig, Michael Dorr, David Cox. Space-variant descriptor sampling for action recognition based on saliency and eye movements. European Conference on Computer Vision, 2012 : 84-97.

［26］A F Bobick，J W Davis. The recognition of human movement using temporal templates. IEEE Transactions on Pattern Analysis and Machine Intelligence，2002，23（3）：257–267.

［27］Alexei A Efros，Alexander C Berg，Greg Mori，Jitendra Malik. Recognizing action at a distance. IEEE International Conference on Computer Vision，2003：726–733.

［28］Alper Yilmaz，Mubarak Shah. Actions sketch：A novel action representation. IEEE Conference on Computer Vision and Pattern Recognition，2005：984–989.

［29］Lena Gorelick，Moshe Blank，Eli Shechtman，et al. Actions as space–time shapes. IEEE Transactions on Pattern Analysis and Machine Intelligence，2007，29（12）：2247–2253.

［30］Mikel D. Rodriguez，Javed Ahmed，Mubarak Shah. Action MACH a spatiotemporal maximum average correlation height filter for action recognition. IEEE Conference on Computer Vision and Pattern Recognition，2008：1–8.

［31］Saad Ali，Mubarak Shah. Human action recognition in videos using kinematic features and multiple instance learning. IEEE Transactions on Pattern Analysis and Machine Intelligence，2010，32（2）：288–303.

［32］G E Hinton，S Osindero. A fast learning algorithm for deep belief nets. Neural Computation，2006，18（7）：1527–1554.

［33］Graham W Taylor，Rob Fergus，Yann LeCun，et al. Convolutional learning of spatio–temporal features. European Conference on Computer Vision，2010：140–153.

［34］S Ji，W Xu，M Yang，K Yu. 3d convolutional neural networks for human action recognition. 27th International Conference on Machine Learning. Citeseer，2010.

［35］S Sadanand，J J Corso. Action bank：A high–level representation of activity video. IEEE Conference on Computer Vision and Pattern Recognition，2012：1234–1241.

［36］Toshev A，Szegedy C. Deeppose：Human pose estimation via deep nrural networks. Proceeding of IEEE Conference on Coputer Vision and Pattern Recognition，2014：1653–1660.

［37］Simonyan K，Zisserman A. Two–stream convolutional networks for action recognition in videos. Proceedings of the 27th International Conference on Neural Information Processing Systems, 2014 : 568–576.

[38] Tran D, Bourdev L, Fergus R, et. al. Learning spatio–temporal features with 3d convolutional networks. Proceedings of IEEE International Conference on Computer Vision, 2015 : 4489–4497.

[39] Donahue J, Anne Hendricks L, Guadarrama S, et al. Longterm recurrent convolutional networks for visual recognition and description. Proceedings of IEEE International Conference on Computer Vision, 2015 : 677–691.

[40] Peng X, Schmid C. Multi–region two–stream R–CNN for action detection. Lecture Notes in Computer Science, 2016, 9908 : 744–759.

[41] Liu J, Li Y, Song S, et al. Multi–modality multi task recurrent neural network for online action detection. IEEE Transactions on Circuits and Systems for Video Technology, 2018, 99 : 1–1.

[42] C Schuldt, I Laptev, B Caputo. Recognizing human actions : A local svm approach. International Conference on Pattern Recognition, 2004 : 32–36.

[43] Daniel Weinland, Edmond Boyer, Remi Ronfard. Action recognition from arbitrary views using 3d exemplars. IEEE International Conference on Computer Vision, 2007 : 1–7.

[44] H Kuehne. HMDB : A large video database for human action recognition. IEEE International Conference on Computer Vision, 2011.

第 2 章　全局特征表示下的人体行为识别

人体行为作为视频序列中的时空模式，主要包含运动信息和结构信息。运动信息是指人体行为的动态变化信息，而结构信息指构成人体姿势及其相对位置时得到的信息。本章提出一个统一的框架，对人体行为的运动特征和结构信息编码，并将其作为整体表示嵌入其中。

2.1　运动与结构特征嵌入

2.1.1　概述

基于词袋（Bag of Word，BoW）模型的人体行为识别系统在许多任务中取得了良好的效果。然而，该模型也存在一些局限性，其中最重要的缺点是无法获取足够的空间和时间结构信息。由于 BoW 模型实际上是将每个视频序列的局部特征映射到一个预先学习过的字典上，因此在将连续分布离散化时不可避免地带来信息丢失和误差，这种误差将传递到最终表示层面，并影响识别性能。此外，字典中码本的有效性取决于聚类算法[1]，而码本大小需要根据经验确定，这对于不同的任务来说缺乏灵活性。为了缓解上述缺点，本节提出了一个统一的人体行为表示框架。基于人体行为主要由运动特征和结构信息组成的事实[2, 3]，本方法从视频序列中提取这些特征，并将它们集成到全局特征表示中。本方法提出的运动与结构特征嵌入方法的框架如图 2-1 所示，具体包括如下步骤：

首先，受文献 [4] 工作的启发，我们对原始视频序列应用了预处理步骤，即差分相邻帧，得到了具有帧差（Difference of Frames，DoF）的三维体。因此，与运动相关的信息得到了很好的保留，相反，背景和噪声得到了极大程度的抑制。

其次，在两个特征通道中分别提取运动特征和结构信息。在运动特征通道中，最终获得一个对运动信息进行编码的特征映射，即运动历史图像（Motion History Image，MHI）。在结构特征通道中，从 DoF 体积中提取五个特征映射。这五个要素包含三个正交平面，交点位于体积的中心以及体积的起始和结束切片。选择这五个平面编码结构信息出于以下两个方面原因：①三个正交平面（顶部）的三个切片同时记录空间和时间结构信息；②起始和结束切片与顶部的中间切片相结合，可以提供人体行为的动态结构信息。

第三，鉴于每个特征映射实际上都是 2D 图像，鉴于多尺度分析在图像处理和分析方面的成功，这里采用了多尺度分析技术，即高斯金字塔 [5]。将高斯金字塔应用于所获得的包括 MHI 在内的六个特征映射中的每一个，随后在高斯金字塔的每一层上执行中心环绕操作 [6]，从而产生一系列子带映射，具有不同比例的特征被划分为不同的带。

随后，采用两阶段特征提取步骤 [7]，即 Gabor 滤波和最大池化，来选择不变特征。受到生物学的启发，Gabor 滤波和最大池化具有与人类视觉系统相同的生物学机制 [6, 8]，Gabor 滤波器被广泛使用，是特征提取中常见的滤波器选择，它可以捕获边缘和方向信息 [6]。特征池化技术，例如最大池化，由于其取局部接受域中值最大的点，具有平移不变性以及增大感受野的特性，在低层特征提取算法中受到了更多的关注 [8]。

最后，使用一种称为判别局部对齐（Discriminative Locality Alignment，DLA）[9] 的降维技术将运动和结构特征嵌入到低维空间中，从而实现更紧凑和更具判别力的表示。我们将通过实验证明 DLA 优于其他降维技术。

具体特征提取过程如图 2-1 所示，其中最后三个模块，即高斯金字塔、中心 – 环绕和特征提取，只描述了在一个特征图上的操作过程，其他五个要素的特征图的处理方式相同。

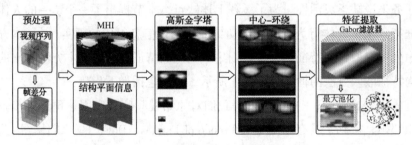

图 2-1　从原始视频序列中提取特征的示意图

本节提出的运动与结构特征嵌入具有以下优点：

① 提出了一个统一的框架来集成运动和结构信息来表示人体行为，可以有效地捕捉到人体行为的基本信息的线索。

② 在人体行为特征表示中引入多尺度分析技术，即高斯金字塔和中心环绕操作。并通过 Gabor 滤波器和最大池化提取有效的生物特征，获得更具信息性和鉴别性的表示。

2.1.2　特征映射

为了明确地从视频序列中提取运动和结构特征，我们利用动态纹理分析中的运动历史图像（MHI）和三个正交平面（Three Orthogonal Planes，TOP）[10]，构造运动模型，并在一组特征映射中对运动和结构信息进行编码。

1. 运动模板

Bobik 等人[3]提出的运动历史图像（MHI）用于表示视频中物体的运动信息。运动历史图像（MHI）指将视频序列中的所有帧都在时间轴上投影到一个图像上得到，这种方法更强调最近发生的运动。假设 $I(x,y,t)$ 表示一个图像序列，而 $D(x,y,t)$ 为其对应的二进制图像序列，其二进制的 0 和 1 表示对应位置是否存在相应的运动，其可由图像的差分得到相关信息。运动历史图像（MHI）用 $H_\tau(x,y,t)$ 表示，其可以表示出运动图像是如何运动的，并且可以通过一个如下式所示的衰减操作获取。

$$H_\tau(x,y,t) = \begin{cases} \tau & D(x,y,t) = 1 \\ \max\left[0, H_\tau(x,y,t-1) - 1\right] & \text{otherwise} \end{cases} \quad (2\text{-}1)$$

其中 τ 是定义运动范围的持续时间。来自 IXMAS 数据集的 MHI 示例如图 2-2 所示。从图 2-2 可以看出，在 MHI 中，可以充分体现出运动的变化，如拳击（punch）动作，可以看到上臂的动作轨迹，而踢腿（kick）的动作对应的 MHI 中，可以清晰地看到腿部动作的运动痕迹。

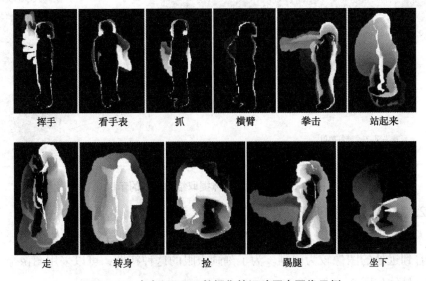

挥手　　看手表　　抓　　横臂　　拳击　　站起来

走　　转身　　捡　　踢腿　　坐下

图 2-2　来自 IXAMS 数据集的运动历史图像示例

2. 结构平面

三个正交平面，即 X–Y、X–T 和 Y–T 平面，是正交切片，其交点位于帧差（Difference of Frames，DoF）三维体的中心。结合三个正交平面和帧差三维体的起始和结束切片，可以得到五个结构平面。这些平面包含动作的空间和时间结构。X–Y 平面以及帧差三维体的起始和结束切片这三个平面中，可以给出人体运动的动态结构，而 X–T 和 Y–T 平面可以记录时间结构。因此，这五个平面包含相互补充的结构信息。图 2-3 显示了从帧差三维体提取结构平面的示例。图 2-3 中右侧中间三个平面同时记录空间和时间结构信息，和最上面的起始切面以及最下面的结束切面结合，可以提供动作的动态结构信息。

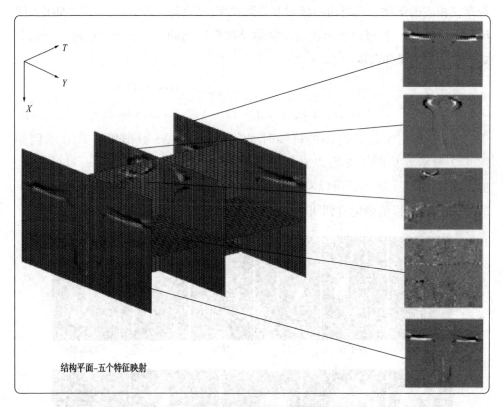

结构平面-五个特征映射

图 2-3　从帧差三维体提取结构平面的示例

2.1.3　高斯金字塔

人的眼睛可以处理多分辨率和多尺度的信息，比如看到的近处图像较为细致，看到远处的图像较为模糊。为了刻画人眼的这种特性，可以采用图像金字塔技术，具体如图 2-4 所示。

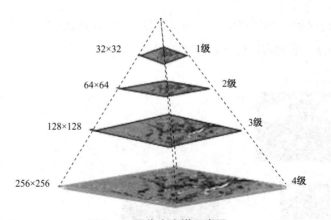

图 2-4　图像金字塔示意图

　　一幅图像的金字塔，是以一系列以金字塔形状排列的分辨率初步降低的图像的集合，金字塔的底部是待处理图像的高分辨率的表示，而顶部是低分辨率的表示。当金字塔向上层移动的时候，尺寸和分辨率都会降低。而高斯金字塔即对图像金字塔前一层进行高斯低通滤波、降低密度（即下采样），其中基准层定义为原始图像，对应近处的细致信息，顶层对应远处的模糊信息，重复进行高斯滤波和下采样，以得到不同尺度的目标图像，构成图像的高斯金字塔结构。

　　精确地说，高斯金字塔的级别是按如下迭代获得的：

$$G_l(x,y) = \sum_m \sum_n w(m,n)\, G_{l-1}(2x + m, 2y + n) \qquad (2-2)$$

　　这里 $G_0(x,y)=I(x,y)$，表明金字塔最底层为原始图像，l 表示金字塔的层级，$W(m,n)$ 是高斯加权函数，并在任何层上都相同。

2.1.4　中心环绕机制

　　在人类视觉系统中，中心环绕场（Center-surround field，CS field）长期以来被认为具有边缘增强的特性，有助于小物体的检测、定位和跟踪。在中心环绕操作之后，具有不同比例的特征（例如边缘）被增强并分离为一系列子带图像。本节中，在中心层（$c=2$，3，4）和环绕层（如 $s=c+d$，$d=3$，4）对高斯金字塔实施中心环绕机制。因此，在 2-5、2-6、3-6、3-7、4-7 和 4-8 级计算六个子带图像。由于中心层级和环绕层级之间的比例不同，因此环绕层级的图像被插值为与相应中心层级相同的大小，然后它们被相应中心层级逐点减去，以生成相关子带图像。

　　图 2-5 给出了高斯金字塔的中心层 2 和环绕层 5 之间的中心环绕操作示意图。图 2-5 左边五层金字塔中，以第 2 层为中心层，当向下距离 d 为 3，环绕层

s 为 2+3=5 的时候，将环绕层对应的图像的尺度利用插值方法扩展到中心层尺度大小，做差分，形成右边的子带映射结果。

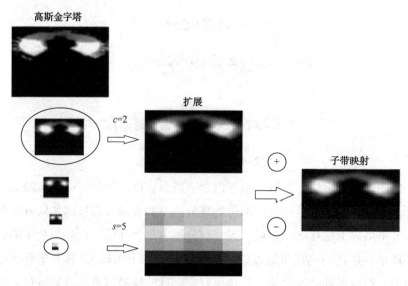

图 2-5　高斯金字塔的中心层 2 和环绕层 5 之间的中心环绕操作示意图

2.1.5　特征提取

如文献 [7] 中所强调的，使用具有两个阶段，即滤波器组和最大池化（max-pooling）技术的特征提取比使用单个阶段的性能更好。根据文献 [6]，本节采用了两阶段的特征提取方法：①对特征映射图的每个子带应用一组 2D Gabor 滤波器，以增强多个方向的边缘信息；以及②在 Gabor 滤波器的每个频带内和局部邻域上执行非线性最大池化，以生成不变特征。因此，提取的特征具有抗空间位移和对噪声不敏感的特点。

由于 Gabor 滤波器和最大池化都与人类视觉系统具有相同的生物学机制，因此两阶段特征提取模块提取的特征受到生物学的启发，识别效果更好。与文献 [8] 中计算成本较高的分层模型相比，这里提出的特征更有效，计算成本更低。

1. Gabor 滤波器

Gabor 滤波器广泛应用于视觉识别系统 [8]，其为感受野从空间角度提供一个简单的、有用且合理准确的描述。由于 Gabor 滤波器具有与哺乳动物皮层细胞相同的特性，如空间定位、方向选择性和空间频率特性，因此常采用 Gabor 滤波器来提取方向信息。其中 2D Gabor 母函数定义为：

$$F(x,y) = e^{-\frac{x_0^2 + \gamma y_0^2}{2\sigma^2}} \cos \frac{2\pi x_0}{\lambda} \qquad (2-3)$$

这里，$x_0 = x\cos\theta + y\sin\theta$，$y_0 = -x\sin\theta + y\cos\theta$，它们的范围决定了 Gabor 滤波器的尺度，从而决定了 Gabor 滤波器的方向。γ 为空间纵横比，决定了 Gabor 函数形状。Gabor 滤波器具有 8 个尺度和 4 个方向，其中尺度变化范围为从 7×7 个像素到 21×21 个像素，四个方向包括 0 度、45 度、90 度和 135 度。利用这些 Gabor 滤波器对初始输入图像进行卷积，可以得到 $4 \times 8 = 32$ 幅包含多方向和尺度信息的特征图。

2. 最大池化

池化（pooling）目前广泛用于深度学习中，应该是卷积神经网络和普通神经网络最不同的地方，实际上这个概念并不是深度学习所独有，并且其没有规定一个具体的操作，而是抽象为一种对统计信息的提取。许多现代视觉识别算法都采用了特征池化技术，从对图像像素池化[6]到稀疏编码中字典局部特征激活的池化[11]。在池化过程中，可以保留与任务相关的信息，同时删除不相关的细节。常见的池化方法包括平均池化和最大池化，其中最大池化可以实现对图像变换的不变性、更紧凑的表示以及对噪声和杂波更好的鲁棒性[12]。最大池化过程示意图如图 2-6 所示。

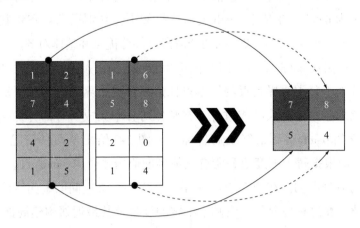

图 2-6　最大池化过程示意图

Riesenhuber 和 Poggio 在对象识别的层次模型中利用了最大池化机制。这种类似最大化特征选择操作是大脑皮层中物体识别的关键机制，在复杂背景中识别或在感受野中有多个刺激的情况下提供更鲁棒的响应[13]。一般在特征提取的第二阶段中加入最大池化操作，实现图像平面变换（如平移和缩放）的不变性。不同子带图像的 Gabor 滤波器输出，在局部邻域上的进行最大池化，池化的结果将对位置偏移和可能尺度错误具有鲁棒性，其中最大池化定义如下：

$$h(x,y) = \max_{(x,y) \in G(x,y)}[g(x,y)] \qquad (2-4)$$

$g(x,y)$ 是 Gabor 滤波器的响应，$G(x,y)$ 表示像素 (x,y) 的邻域，即感受野。最大池的邻域窗口是 Gabor 滤波器相邻尺度的平均值。例如，如果两个相邻比例分别为 5 和 7，则邻域窗口为 6。

3. 判别局部对齐

降维和特征选择一直是模式识别中的一个活跃研究领域，如人脸和步态识别。一般提取的生物特征是高维特征向量，因此需要进行降维以找到内在的低维子空间。

Zhang 等人[9]最近提出的判别局部对齐（Discriminative Locality Alignment，DLA），其具有如下优点：①通过考虑利用测度的局部性来处理测度分布的非线性；②通过考虑相邻测度中的不同类别来保持区分能力；③因为它不需要计算矩阵的逆，可以避免小样本带来的求逆困难的问题。本节采用这种降维方法使得基于运动与结构特征嵌入的全局表示具有更强的可区分性。这里简要介绍判别局部对齐方法，更多详情可参考文献[9]。

对于每个样本，构造一个包括 k_1 个同类最邻近样本以及 k_2 个异类最邻近样本集合，称为 patch。在基于 patch 的对齐框架中，判别局部对齐将基于谱分析的降维算法统一起来。该框架包括两个阶段：部分优化和整体对齐。对于部分优化，不同的算法在 patch 上有不同的优化标准以及约束条件，如同类相近、异类互斥，以及处于分类边界附近的样本点比远离分类边界的样本点更加影响分类情况，因此理应赋予更大的权重等。在整体对齐中集成所有部分优化结果，并对所有独立的 patch 得到最终全局坐标[14]。图 2-7 给出了两种情况。如图 2-7（a）所示，应根据每个测度值和所有其他测度值构建全局 patch，这种情况下的测度值是高斯分布的。在图 2-7（b）中，从嵌入三维空间的 S 曲线流形中随机采样测度值。在这种情况下，应基于给定的度量及其最近邻构建局部 patch，以捕获局部几何体（局部性）。通常采用线性算法构建全局 patch，如主分量分析（Principal Component Analysis，PCA）和线性判别分析（Linear Discriminant Analysis，LDA）等。而局部 patch 通常用基于流形学习的算法构建，如局部线性嵌入（Locally Linear Embedding，LLE）和拉普拉斯特征映射（Laplacian Eigenmaps，LE）。

m 维样本集合 $X=[x_1, x_2, \cdots, x_N]$，每一个样本 x_i 属于 C 个类别中一个。这里的目的是找到一个映射 U，通过该映射，可以将 X 空间映射到低维的 Y 空间，如 $Y=[y_1, y_2, \cdots, y_N]$。对每一个样本 x_i，将其余样本分为和 x_i 同样类别标签的同类样本和具有和 x_i 不同类别标签的异类样本。根据同类样本和异类样本，构建每一个样本 x_i 对应的 patch 为 $X_i=[x_i, x_{i_1}, \cdots, x_{ik_1}, x_{i_1}, \cdots, x_{ik_2}]$。这样每一个 patch 包含 k_1+k_2+1 个样本，这样将这个 patch 称为 x_i 同类样本和异类样本构成的邻域。通过最小化同类样本之间的距离和最大化不同类样本之间的距离，可以通过这样的目标函数对这些 patch 进行优化，即可以获取映射矩阵 U，从而得到降维后的空间 Y。

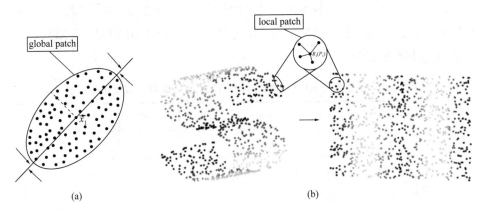

图 2-7　判别局部对齐的框架 [9]

2.1.6　实验结果

在基线 KTH 数据集、多摄像机 IXMAS 数据集和真实 UCF Sportes 数据集上对所提出的方法进行了评估。为了全面评估提出运动与结构特征嵌入方法，本节将在以下分析中提供与其他方法比较的实验结果以及对提出方法的分析，其中其他方法实验结果均来源于原始文献。

1. 实验设置

对于 KTH 数据集，根据文献 [15] 获得边界框，以捕获每个动作的主要运动区域。采用留一法交叉验证，即 24 名受试者的视频作为训练数据，其余 1 名受试者的视频作为测试数据。对于 IXMAS 数据集，使用了每个视频序列可用的轮廓，同样采用交叉验证，即每次保留一个人作为验证数据 [16]。对于 UCF Sports 数据集，使用了与数据集提供的每个帧相关联的边界框。由于每个动作类别中的序列数量不等，遵循文献 [17] 中的原始设置，采用五 – 交叉验证，每个类别中的序列总数为五分之一，用于测试。实验中采用公开的机器学习库 LibSVM 中实现人体行为分类。

2. 中间结果及降维实验分析

由于本节所提出的运动与结构特征嵌入方法将运动（MHI）和结构特征（五个结构平面）集成为一个整体描述符，本部分实验评估它们每一部分对人体行为识别的贡献。此外，为了验证 DLA 对该框架整体性能的贡献及其相对于其他降维技术的优势，这里将其与广泛使用的降维方法进行比较，包括主成分分析（Principal Component Analysis，PCA）、线性判别分析（Linear Discriminant Analysis，LDA）、局部保持投影（Locality Preserving Projections，LPP），邻域保持嵌入（Neighborhood Preserving Embedding，NPE）和 Isomap 方法等，其在 KTH、IXMAS 和 UCF Sports 三个数据集上的性能见表 2-1~ 表 2-3。表中 SP 表示仅采用结构平面信息，MHI 表示仅采用运动历史图像，而 SP+MHI 则表示采用结构平面信息和运动历史图像。

表 2-1　该框架在 KTH 数据集上的性能以及 DLA 与降维技术的比较

	Features	PCA	LDA	LPP	NPE	Isomap	DLA
	SP	96.7	93.3	88.7	94.0	96.7	97.3
Scenarios 1	MHI	77.8	68.7	78.7	69.3	72.7	79.3
	SP+MHI	98.7	98.0	92.7	91.2	99.3	98.7
	SP	80.0	79.3	80.7	78.7	81.3	81.3
Scenarios 2	MHI	61.3	56.0	62.7	54.7	61.3	62.0
	SP+MHI	84.7	81.3	83.3	80.7	86.0	88.1
	SP	92.5	91.2	88.4	91.2	91.9	94.0
Scenarios 3	MHI	76.0	64.9	74.4	64.9	76.0	76.0
	SP+MHI	91.9	91.2	89.8	91.2	92.5	94.0
	SP	94.0	90.0	91.3	90.0	94.0	94.0
Scenarios 4	MHI	83.0	72.0	83.2	66.7	83.0	83.0
	SP+MHI	92.7	92.7	85.6	92.7	94.0	94.0
	SP	90.6	88.9	86.1	89.1	92.8	91.6
All-in-one	MHI	76.1	69.4	72.6	64.6	62.4	76.2
	SP+MHI	91.1	91.1	86.6	89.6	92.8	93.3

表 2-2　该框架在 IXMAS 数据集上的性能以及 DLA 与降维技术的比较

	Features	PCA	LDA	LPP	NPE	Isomap	DLA
	SP	79.8	80.0	68.6	80.9	81.0	81.0
Camera 1	MHI	77.0	69.1	68.8	69.4	77.3	77.8
	SP+MHI	81.0	82.7	71.6	82.7	81.8	84.9
	SP	84.4	83.6	73.3	83.6	85.0	85.3
Camera 2	MHI	79.8	78.0	71.3	77.4	78.9	78.9
	SP+MHI	84.1	87.2	77.4	87.2	86.9	87.9
	SP	81.4	85.1	78.3	84.2	85.6	85.6
Camera 3	MHI	84.0	82.9	71.9	82.3	84.5	84.9
	SP+MHI	86.5	90.1	79.2	90.0	89.6	90.1
	SP	79.1	81.4	71.4	78.6	81.1	81.4
Camera 4	MHI	80.2	76.6	73.2	78.6	81.8	81.8
	SP+MHI	85.5	84.5	72.5	84.5	86.5	86.9
	SP	76.8	71.8	66.5	71.2	76.1	75.8
Camera 5	MHI	68.3	60.9	61.5	60.8	69.7	69.5
	SP+MHI	76.3	77.9	65.8	77.9	77.9	78.9

表 2-3　该框架在 UCF Sports 数据集上的性能以及 DLA 与降维技术的比较

	PCA	LDA	LPP	NPE	Isomap	DLA
SP	91.8	91.2	88.3	91.9	91.8	92.4
MHI	49.6	44.0	52.9	42.6	54.5	53.2
SP+MHI	93.1	90.5	89.8	91.2	93.9	93.9

从表 2-1~ 表 2-3 可以看出，来自结构平面的特征在所有三个数据集上都能达到令人满意的识别率。MHI 的特征表现出与结构平面的特征相当的性能，特别是在 IXMAX 数据集上，而在 UCF Sports 数据集上 MHI 没有实现高精度性能。这个结果是合理的，因为在背景简洁的情况下，例如在 IXMAS 数据集中，MHI 能够编码更精确的运动信息，因此可以提供更好的性能。而对于 UCF Sports 数据集，其背景变化较大，因此 MHI 的性能有限。此外，MHI 只包含一个特征映射，而结构平面有五个特征映射，这将对关于运动的更多信息进行编码。然而，结构平面上的特征和 MHI 的组合可以提高整体性能，并且比单独使用两者的性能更优，这证明结构平面和 MHI 提供了互补信息。

此外，由于获得的特征向量具有高维性，增加 DLA 降维，以获得更紧凑和更具区别性的表示。从表 2-1~ 表 2-3 中的比较结果可以看出，DLA 在所有三个数据集上的性能始终优于其他降维技术，这表明使用 DLA 确实增强了所提出框架的可区分性。此外，从表中可以看出，和 DLA 降维组合，结构平面和运动历史图像的组合始终优于单独采用它们中的任何一个。这再次验证了结构平面和运动历史图像是互补的特征，同时表明 DLA 可以有效地将它们嵌入到人体行为的统一和有意义的表示中。值得注意的是，即便使用简单的 PCA 进行降维，所提出的运动与结构特征嵌入方法与其他方法相比仍然可以获得具有竞争力的结果。

3. 和其他方法实验结果对比分析

KTH 数据集中的每个动作行为在四种不同的场景中执行，即户外（S1）、尺度变化的户外（S2）、穿着不同衣服的户外（S3）和照明变化的室内（S4）；表 2-4 中分别在四个场景中执行所提出的运动与结构特征嵌入方法，同时又给出把所有场景混合在一起（All-in-one）的结果。

表 2-4　KTH 数据集上不同描述符的性能比较

Methods	S1	S2	S3	S4	Average	All-in-one
Our method	98.7	88.1	94.0	94.0	93.5	93.3
HMAX [8]	96.0	86.1	89.8	94.8	91.7	—
Schindler et al. [18]	93.0	81.1	92.1	96.7	90.7	90.9
Yeffet et al. [19]	—	—	—	—	—	90.1
Taylor et al. [20]	—	—	—	—	—	90.0
Ji et al. [21]	—	—	—	—	—	90.2

表 2-4 给出了所提出的方法在 KTH 数据集上的结果以及与其他方法提出的描述符对比，可以看出，所提出的方法在所有列出的方法中几乎达到了最佳的识别性能。与以前提出的方法的比较表明，该方法优于现有方法。具体来说，所提出的方法在场景 S1 和 S4 中体现了几乎完美的精度，在场景 S2 中（包含相机缩放）具备相对满意的结果。虽然 S3 中的演员穿着完全不同的衣服，但所提出的运动与结构特征嵌入方法仍然能具有较高的识别率。这证明了所提出方法对尺度变化（S2）具有鲁棒性，并对人体服装变化（S3）不敏感。需要注意的是，在所提出的运动与结构特征嵌入方法中，因为所有场景中的动作都比每个场景中的动作具有更大的类内变化，四个场景的平均精度略高于 All-in-one 的平均精度。

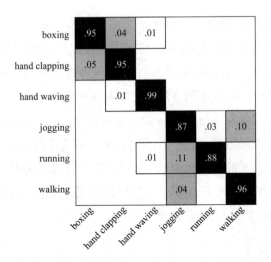

图 2-8　KTH 数据集上运动与结构特征嵌入方法的混淆矩阵

图 2-8 显示了 KTH 数据集上识别结果的混淆矩阵。值得注意的是，因为慢跑（jogging）、跑步（running）和步行（walking）这三个动作在 KTH 数据集中共享相同的运动模式，特别是在跑步和慢跑之间，因此这三个动作之间更容易混淆，如跑步很容易被误归类为慢跑。

在多摄像机 IXMAS 数据集上，所提出的方法在所有五个摄像机采集的数据集都优于其他方法，具体性能如表 2-5 所示。虽然在 IXMAS 数据集上，每个动作都有提取轮廓信息，但由于噪声、身体部位缺失和自我遮挡，其中一些轮廓提取的不好。如在 5 号摄像机中，由于动作被严重遮挡，其性能明显低于 1~4 号摄像机。对比于其他方法，本节所提的运动与结构特征嵌入方法针对 5 号摄像机的数据仍具有较好的识别率。

表 2-5　IXMAS 数据集的性能比较

Methods	Camera 1	Camera 2	Camera 3	Camera 4	Camera 5
Our method	84.9	87.9	90.1	86.9	78.9
GMKL[22]	76.4	74.5	73.6	71.8	60.4
AFMKL[22]	81.9	80.1	77.1	77.6	73.4
Weinland[23]	84.7	85.8	87.9	88.5	72.6
Liu et al.[24]	76.7	73.3	72.1	73.1	—
Yan et al.[25]	72.0	53.0	68.1	63.0	—
Weinland[16]	65.4	70.0	54.5	66.0	33.6
Junejo et al.[26]	76.4	77.6	73.6	68.8	66.1

IXMAS 数据集上运动与结构特征嵌入方法的混淆矩阵如图 2-9 所示。在所有五个摄像头中，因为挥手和挠头是具有许多相似运动模式和身体姿势的动作，挥手（wave）和挠头（scratch-head）出现明显的相互混淆。特别是，在具有明显遮挡的摄像机 5 中，所提出的方法仍然能基本识别 11 类动作。

表 2-6 给出了对实际 UCF Sports 数据集的评估。UCF Sports 数据集被认为是动作识别最具挑战性的数据集之一。该数据集中的动作都是真实的，并且以不同的方式执行，具有很大的类内可变性，这些都增加了识别难度。然而，提出的运动与结构特征嵌入方法仍然产生了一个很好的结果，从表 2-6 可以看出，其性能比次好结果（91.3%）高出 2.6% 以上。

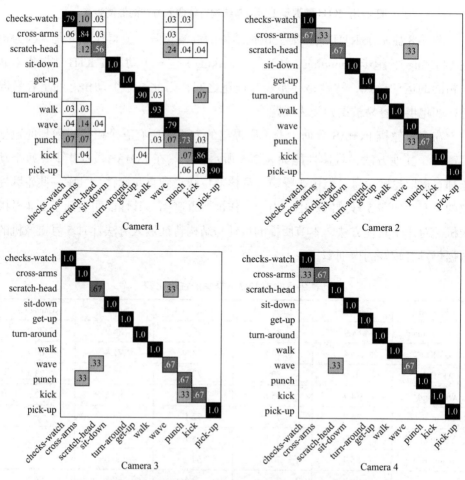

图 2-9 IXMAS 数据集上运动与结构特征嵌入方法的混淆矩阵

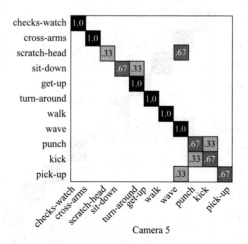

Camera 5

图 2-9　IXMAS 数据集上运动与结构特征嵌入方法的混淆矩阵（续）

表 2-6　UCF Sports 数据集上不同方法的性能比较

Method	Accuracy
Our method	93.9
Yeffet et al. [19]	79.3
GMKL [22]	85.2
AFMKL [22]	91.3
Wang et al. [27]	88.2
Le et al. [28]	86.5
Weinland et al. [23]	90.1
Kovashka et al. [29]	87.3
Wang et al. [30]	85.6
Rodriguez et al. [17]	69.2

　　类似地，我们在图 2-10 中绘制了 UCF Sports 数据集上识别率的混淆矩阵，从中我们可以看出，所提出的方法可以成功识别除侧跑（run-side）之外的大多数动作类别。一个可能的解释是，侧跑有一些和高尔夫、骑马类似的时空外观和运动模式。

　　通过以上的实验分析，我们可以得到结论如下：

·结构平面和运动历史图像提供互补的信息，因此它们的组合提供人体行为信息的有效表示。

·所采用的降维方法，即判别局部对齐（DLA），能够有效地将结构和运动特征嵌入到有意义的表示中，并且优于许多广泛使用的降维技术。

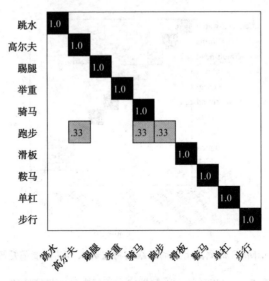

图 2-10　UCF Sports 数据集上的混淆矩阵

2.2　时空拉普拉斯金字塔编码

2.2.1　概述

在视频领域，许多算法实际上借鉴了 2D 图像领域中关于图像 / 场景表示和分类的思想。例如，三维方向梯度直方图（HOG3D）和三维 SIFT（SIFT3D）都是从其二维方法扩展而来，并已有研究表明这些方法在人体行为识别中的有效性。受 2.1 节中的多分辨率分析成功和生物启发特征启发，通过扩展图像域中的多尺度分析和生物启发特征，在本节中提出人体行为识别的时空拉普拉斯金字塔编码（Spatio-temporal Laplacian Pyramid Coding，STLPC）的全局描述符。

多尺度表示对于描述未知的真实世界信号至关重要，对早期视觉具有基础和重要的作用。人类视觉感知具有同时在多个分辨率级别上处理图像的能力。根据尺度空间理论[31]，世界上的物体作为有意义的实体，都只存在于一定的尺度范围内。如果物体的尺寸很小或者对比度不高，通常则需要采用较高的分辨率来观察。如果物体的尺寸很大或者对比度很强，那么就仅仅需要较低的分辨率就足够了。那如果现在物体的尺寸有大有小，对比度有强有弱，这些关系同时存在，分辨率如何选择呢？这时候就需要多尺度表示的多分辨率分析。另外，由于视频分析中的时空特征与图像域中的时空特征具有一些重要的特性，基于金字塔在图像编码中的成功[5]，本节提出一种新的描述符，称为时空拉普拉斯金字塔编码（STLPC），用于人体行为的全局表示。

时空拉普拉斯金字塔编码算法具体过程如图 2-11 所示。将视频序列视为一个时空三维体，首先，通过差分相邻帧从中提取人体行为的运动线索。在这个预处理过程中，在抑制背景和噪声的同时，减少了动态跟踪或背景减法产生的昂贵计算量。其次，由于拉普拉斯金字塔提供了多分辨率分析，通过将多分辨率技术扩展到视频分析和动作表示中，构建三维金字塔。通过高斯加权函数反复滤波获得的三维体，可以适当降低三维体的分辨率。将带宽按倍频程减少，就可以得到包括原始三维体的一系列低通滤波后的三维体，即构建时空高斯金字塔。另外，由于这些三维体之间的高度相关性，直接用强度值表示三维体效率不高。因此，通过差分高斯金字塔的相邻层级，将平滑的三维体积分解为一组时空带通滤波的三维体，称为时空拉普拉斯金字塔。再次，Gabor 滤波器广泛应用于图像的特征提取，它可以捕获边缘和方向信息。类似地，三维空间中的 3D Gabor 滤波器能够提取与视频序列中发生的运动相关的时空边缘和方向特征。对原始三维体的拉普拉斯金字塔的每一层应用一组 3D Gabor 滤波器，以增强边缘和方向信息。而最大池化技术，由于其位移等不变性，在低层特征提取算法中受到了越来越多的关注。时空域中的最大池化在很大程度上可以克服传统整体表示方法中存在的时空错位和运动定位不准确等缺点。最后，为了提取不变性和判别性特征，在 Gabor 滤波器频带内和时空邻域上执行非线性最大池技术，从而提取对空间和时间偏移、部分遮挡和噪声具有鲁棒性的全局特征描述符。

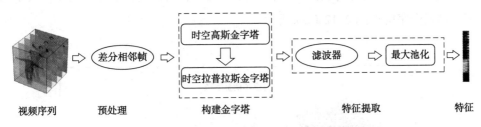

视频序列　　　预处理　　　　构建金字塔　　　　　　特征提取　　　　特征

图 2-11　时空高斯金字塔和拉普拉斯金字塔的构造

2.2.2　基于时空拉普拉斯金字塔特征提取

视频序列被视为时空信号强度的三维体，其包含动作的所有结构和运动信息，即人体在任何时间的姿势以及动态运动信息。

拉普拉斯金字塔（Laplacian Pyramid）是一种多分辨率分析技术，它将时空体分解为具有特定频带的不同层次。不同尺度的显著特征在金字塔的每一层中分离，并在以下特征提取步骤中分别提取。与三维尺度不变特征变换（3D SIFT）不同，在 3D SIFT 中卷积是在空间上操作的[32]，本节的模型使用 3D 高斯核在时空上执行卷积，拉普拉斯金字塔的每一层用高斯差近似。

1. 时空高斯金字塔

构建拉普拉斯金字塔的第一步是构建一系列低通滤波 3D 的时空高斯金字塔。通过与局部对称加权函数（例如，3D 高斯函数）卷积等效沿空间和时间维度进行滤波，如下所示：

$$w(x,y,t) = \frac{1}{(\sqrt{2\pi}\sigma)^3} e^{\frac{x^2+y^2+t^2}{2\sigma^2}} \qquad (2-5)$$

该操作是一种多尺度滤波。选择高斯作为平滑核是因为它已被证明，用高斯平滑核的局部极大值随着滤波器带宽的增加而增加，局部极小值随着滤波器带宽的增加而减少[31, 33]。

给定一个三维视频，将其视为高斯金字塔的底部或零级。通过将三维高斯函数与原始三维体积的多个卷积输出，可以生成更高级别的高斯金字塔，并通过子采样获得降低的分辨率。如图 2-12（a）所示。准确地说，高斯金字塔的等级迭代得到如下公式：

$$g_l(i,j,k) = \sum_x \sum_y \sum_t w(x,y,t) \, g_{l-1}(2i+x, 2j+y, 2k+t) \qquad (2-6)$$

其中，l 表示高斯金字塔的层级，(i, j, k) 为三维体中像素的位置索引。随着级别的增加，视频体积的大小以指数形式减小，所需的计算量也减少。构建的三级高斯金字塔如图 2-12（a）所示。

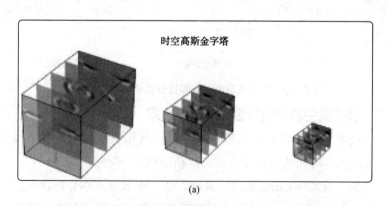

(a)

图 2-12　时空高斯金字塔和拉普拉斯金字塔的构造

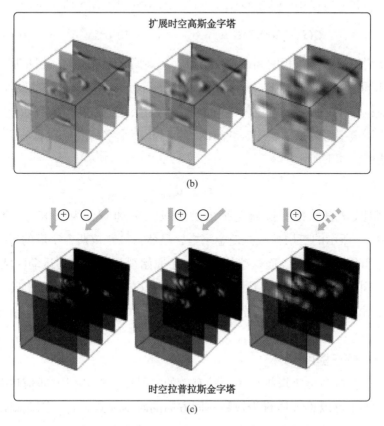

时空拉普拉斯金字塔

(c)

图 2-12　时空高斯金字塔和拉普拉斯金字塔的构造（续）

2. 时空拉普拉斯金字塔

在时空空间中，分别提取的不同尺度（分辨率）下的时空特征都应该是显著的。拉普拉斯金字塔是一种多分辨率分析技术。拉普拉斯金字塔的构造实际上是在具有多尺度的高斯上执行拉普拉斯算子。正如文献中所研究的，对高斯函数 $\sigma^2 \nabla^2 G$ 尺度归一化拉普拉斯函数以用高斯函数的差分来近似。根据热扩散方程，可以建立高斯差分 D 和 $\sigma^2 \nabla^2 G$ 之间关系如下：

$$\frac{\partial G}{\partial \sigma} = \sigma \nabla^2 G \qquad (2-7)$$

$\frac{\partial G}{\partial \sigma}$ 可以用 $k\sigma$ 和 σ 之间的差分近似。需要注意的是，σ 等价于在热扩散方程中的 t。则在式（2-7）中 $\sigma \nabla^2 G$ 表示为：

$$\sigma \nabla^2 G = \frac{\partial G}{\partial \sigma} \approx \frac{G(x,y,k\sigma) - G(x,y,\sigma)}{k\sigma - \sigma} \qquad (2-8)$$

这样，我们可以用高斯函数差分近似高斯函数的拉普拉斯变换：

$$G(x,y,k\sigma) - G(x,y,\sigma) \approx (k-1)\,\sigma^2\,\nabla^2 G \tag{2-9}$$

在获得原始三维体积的高斯金字塔后，将高斯金字塔的每一层扩展为与下一层大小相同，如图 2-12（b）所示，并将其表示为 G_l。基于扩展的高斯金字塔，可以生成拉普拉斯金字塔。拉普拉斯金字塔的底层是通过从扩展高斯金字塔第二层减去高斯金字塔的第一层级来获得的。拉普拉斯金字塔的更高层是通过类似的操作生成的，如下所示：

$$L_l = G_l - G_{l+1} \tag{2-10}$$

类似地，l 表示拉普拉斯金字塔的层级。G_l 和 G_{l+1} 为 g_l 和 g_{l+1} 扩展，如图 2-12（c）所示的三层拉普拉斯金字塔。显然，拉普拉斯金字塔的每一层都增强了边缘和角点等特征，而这些特征对应于原始视频序列中的运动区域。此外，可以以不同的分辨率在拉普拉斯金字塔的每一层分别提取增强特征。图 2-12（c）显示出拉普拉斯金字塔是在空间和时间上表示视频序列的特别有效的方法。

2.2.3　特征提取

虽然拉普拉斯金字塔提供了一种有效的多尺度分析，但方向信息并未被考虑在内。由于可以将人体行为视为不同方向的时空模式组合，因此提出使用一组 3D Gabor 滤波器来提取方向信息。这里仍然采用两阶段的方法进行时空特征提取。①时空上应用一组 3D Gabor 滤波器来增强多个方向的边缘信息。②在 3D Gabor 滤波器的每个频带内和时空邻域上执行非线性最大池化，以生成位移不变的特征表示，能够抵抗空间和时间偏移，并且对噪声不敏感。更重要的是，可以在多个连续帧中对人体行为特征编码。这里所提出的方法不同于 Jhuang 等人[8] 提出的 C1 模型，主要区别在于，这里的滤波和池化是在空间和时间维度上进行。

1. 3D Gabor 滤波器

Gabor 滤波器广泛应用于视觉识别系统[8]，并提供一种直接合理的方法对单一感受野从空间方面准确的描述。拉普拉斯金字塔表示法不会在分解过程中引入任何空间方向选择性。由于 Gabor 滤波器具有与哺乳动物皮层细胞相同的特性，例如空间定位、方向选择性和空间频率特性，因此可以使用 Gabor 滤波器来提取方向信息。

受文献的启发，基于时空拉普拉斯金字塔特征提取方法使用 3D Gabor 滤波器来定位时空维度中的显著特征。在 3D 空间中，Gabor 滤波器具体定义为：

$$G(x,y,t) = \exp\left[-\left(\frac{X^2}{2\,\sigma_x} + \frac{Y^2}{2\,\sigma_y} + \frac{T^2}{2\,\sigma_t} \right) \right] \times \cos\left(\frac{2\pi}{\lambda_x}X \right)\cos\left(\frac{2\pi}{\lambda_y}Y \right) \quad (2\text{–}11)$$

这里

$$\begin{pmatrix} X \\ Y \\ T \end{pmatrix} = \begin{pmatrix} 1 & 0 & 0 \\ 0 & \cos(\theta) & -\sin(\theta) \\ 0 & \sin(\theta) & \cos(\theta) \end{pmatrix} \times \begin{pmatrix} \cos(\omega) & 0 & \sin(\omega) \\ 0 & 1 & 0 \\ -\sin(\omega) & 0 & \cos(\omega) \end{pmatrix}\begin{pmatrix} x \\ y \\ t \end{pmatrix}$$

在 3D Gabor 滤波器中用到的参数如表 2–7 所示。其中和分别对应空间和时间尺度。类似地，θ 和 ω 分别指空间和时间的方向。

表 2–7　实现中使用的 3D Gabor 滤波器的参数

Band	1	2
Filter Size	7&9	11&13
σ	2.8&3.6	4.5&5.4
λ	3.5&4.6	5.6&6.7
θ	$-\pi/4, 0, \pi/4$	
ω	$-\pi/4, 0, \pi/4$	

从表 2–7 可以看出，在 3D Gabor 滤波器组中，使用了 7×7、9×9、11×11 以及 13×13 共 4 个尺度滤波器，以及空间方向选取为 $-\pi/4$、0、$\pi/4$ 3 个方向，ω 指时间的方向为 $-\pi/4$、0、$\pi/4$ 3 个方向所组合在一起的 9 个方向。

2. 时空最大池化

与 2.1 小节中的特征提取类似，最大池化被扩展到时空域，并被纳入时空特征选择的第二阶段。更具体地说，对于来自一组具有 4 个尺度和 9 个方向的 Gabor 滤波器的结果，进行两步最大池化：首先在具有不同尺度和相同方向的两个结果之间进行最大池化。在最大池化的第一步之后，每个方向都有一个输出。然后，我们将该输出在局部邻域上最大池化，这相当于对输入应用 3D max 过滤器。图 2–13 展示了本节所提时空拉普拉斯金字塔编码方法中的最大池化机制。左侧两输入是来自 Gabor 滤波器相邻尺度的输出；右侧的第一个三维体是在两个尺度之间池化的输出，第二个三维体是局部邻域内池化的结果。

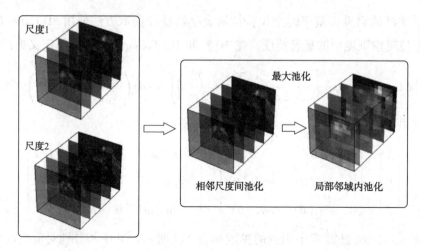

图 2-13　时空拉普拉斯金字塔编码方法中的最大池化机制

在最大池化之后，需要将输出展平为最终的特征表示。与场景识别中的 Gist 特征提取[34]类似，为了实现紧凑和不变的表示，在固定的 $4 \times 4 \times 4$ 时空三维体的子区域网格中应用了平均运算，其中平均运算通常用于特征提取[6, 34]。降维前最终特征向量的维数为（$4 \times 4 \times 4=64$）$\times N \times L \times O$，其中 N 为滤波器组尺度数，L 为拉普拉斯金字塔的层数，O 为方向数。如果使用 2 个尺度 Gabor 滤波器、5 个拉普拉斯金字塔级别和 9 个方向，则维数为 $64 \times 2 \times 5 \times 9=5760$ 维。在此基础上，继续采用判别局部对齐（DLA）[9]进行降维，以获得更紧凑和具有判别性的表示。

2.2.4　实验结果

本节所提出的时空拉普拉斯金字塔编码（Spatio-Temporal Laplacian Pyramid Coding，STLPC）在 KTH 数据集、多摄像机 IXMAS 数据集、真实 UCF Sprots 数据集和 HMDB51 数据集上进行评估。

1. 实验设置

为了证明时空拉普拉斯金字塔编码作为全局描述符的有效性和效率，在实验部分将其与其他描述符进行比较，如 HOG3D[35]和 SIFT3D[32]。为了公平比较，在实验中只将 STLPC 描述符替换为 HOG3D、SIFT3D，其他设置相同。所有描述符都被用作人体行为的全局表示。对于 HOG3D 和 SIFT3D，包含行为的时空体被划分为大小相等的小立方体，最终描述符向量是所有立方体计算出的描述符的串联。这里遵循 2.1 中的实验设置，并采用线性支持向量机（SVM）进行动作分类。

2. 中间结果分析

1）拉普拉斯金字塔

由于最终描述符基于原始视频序列（称为拉普拉斯金字塔的底层）和视频序列的拉普拉斯金字塔的更高层的组合，这里评估了具有不同金字塔级别数的最终描述符的性能。结果如表 2-8~ 表 2-10 所示。其中 #"级别（level）"表示拉普拉斯金字塔级别的数量，其中"0"表示底层，即原始视频序列。

从表中可以看出，将原始视频序列与更高层次的拉普拉斯金字塔相结合确实会使描述符具有更强的信息表征力和辨别力，从而提高识别系统的性能。其性能通常随着级别数量的增加而提高，通过在表 2-8~ 表 2-10 分析可以看出，在 KTH 和 UCF Sports 数据集、IXMAS 数据集以及 HMDB51 数据集中，基本使用三个级别的拉普拉斯金字塔可以获得最佳识别率；而在 UCF Sports 数据集上，两个级别和四个级别的拉普拉斯金字塔性能略高于三个级别的拉普拉斯金字塔。实验表明，拉普拉斯金字塔可以捕获原始视频序列中具有多尺度的显著结构和运动信息。因此，它提供了人体行为的有效表示方法。

表 2-8　在 KTH 和 UCF Sports 数据集上使用不同层的和不同降维技术的结果对比

	#level	0	1	2	3	4
KTH	DLA	93.3	94.2	94.3	95.0	94.8
	PCA	92.3	93.8	94.2	94.3	93.7
UCF	DLA	92.5	93.4	93.9	93.4	93.9
	PCA	89.7	92.0	91.9	91.3	91.3

表 2-9　在 IXMAS 数据集上使用不同层的和不同降维技术的结果对比

	#level	0	1	2	3	4
Cam1	DLA	89.9	90.6	89.0	91.8	90.5
	PCA	83.4	85.1	85.6	87.1	88.1
Cam2	DLA	88.1	87.6	89.4	88.8	88.6
	PCA	83.0	84.9	84.3	85.5	85.2
Cam3	DLA	90.1	91.7	91.5	91.7	91.1
	PCA	87.7	89.0	89.4	89.6	89.1
Cam4	DLA	86.9	87.1	87.1	87.4	86.7
	PCA	80.6	81.2	83.7	82.7	83.0
Cam5	DLA	80.4	80.6	80.6	81.8	80.9
	PCA	73.5	77.8	78.8	79.1	78.5

表 2-10　在 HMDB51 数据集上使用不同层的和不同降维技术的结果对比

	#level	0	1	2	3	4
S1	DLA	32.8	37.2	36.8	37.4	37.0
	PCA	33.0	36.0	37.1	36.5	37.9
S2	DLA	33.0	35.8	37.4	40.9	35.3
	PCA	32.1	36.7	36.7	39.1	33.2
S3	DLA	30.2	34.2	35.4	34.7	33.7
	PCA	29.1	32.3	34.9	34.2	32.8
Average	DLA	32.0	35.7	36.5	37.3	34.6
	PCA	31.4	35.0	36.2	34.6	35.3

2）3D Gabor 滤波器

为了验证 3D Gabor 滤波在拉普拉斯金字塔上的应用，本节实验分别评估了拉普拉斯金字塔和 3D Gabor 滤波的性能。对于三维拉普拉斯金字塔，最大池化操作也应用于金字塔的每一层以获得描述符。比较结果如表 2-11 所示。需要注意的是，3D Laplacian 和 3D Laplacian+3D Gabor 都使用三级 Laplacian 金字塔。在这四个数据集中，单独使用拉普拉斯金字塔的识别率最差。3D Gabor 滤波器的性能比拉普拉斯金字塔要好得多。正如预期的那样，拉普拉斯金字塔与 3D Gabor 滤波器（3D Laplacian+3D Gabor）的组合提高了单独使用 3D Laplacian 和 3D Gabor 滤波器的性能。结果进一步证实了 3D Gabor 滤波器在拉普拉斯金字塔上的有效性。

表 2-11　三维拉普拉斯金字塔、3D Gabor 滤波器及其组合的比较

Features	KTH	XMAS	UCF	HMDB51
3D Laplacian	89.5	79.0	71.7	15.1
3D Gabor	93.3	89.9	92.5	32.0
3D Laplacian+3D Gabor	95.0	91.8	93.4	37.3

3）帧差的作用

帧差（DoF）是基于时空拉普拉斯金字塔特征提取方法框架中一个重要的预处理步骤。为了验证 DoF 对所提方法性能的影响，本节进行实验来评估 DoF 的贡献。因为对于 IXMAS 数据集，使用了轮廓信息，因此在此数据集上不会执行帧差（DoF）。本节在 KTH、UCF 和 HMDB51 数据集上进行相关实验验证，具体结果见表 2-12。值得注意的是，为了进行公平的比较，在有 DoF 和无 DoF 的实验中，所有设置保持完全相同。

表 2-12　在 KTH、UCF Sports 和 HMDB51 数据集 DoF 作用对比

	#level	0	1	2	3	4
KTH	DoF	93.3	94.2	94.3	95.0	94.8
	No–DoF	90.9	91.2	91.6	91.5	91.3
UFC Sports	DoF	92.5	93.4	93.9	93.4	93.9
	No–DoF	77.8	79.3	79.9	79.1	81.2
HMDB51	DoF	32.0	35.7	36.5	37.3	35.3
	No–DoF	25.0	27.9	28.9	26.8	27.1

正如预期的那样，在表 2-12 中可以看到，在三个数据集上，有 DoF 的结果明显优于没有 DoF 的结果。通过观察结果发现，在背景相对简单清晰的 KTH 数据集上，DoF 提高性能不大大，但对于背景非常复杂和杂乱的真实 UCF Sports 和 HMDB51 数据集，DoF 的改善十分明显。这个结果是可以理解的，因为对于 UCF Sports 和 HMDB51 等真实数据集，背景变化会混淆前景动作，而 DoF 可以有效抑制背景，因此性能提升明显。

3. 和其他方法实验结果对比

本部分实验给出了 KTH 数据集、IXMAS 数据集、UCF Sports 数据集和 HMBD51 数据集和其他方法的性能对比。

KTH 数据集：表 2-13 和表 2-14 给出了 KTH 数据集上基于时空拉普拉斯金字塔特征提取方法（STLPC）的结果以及与其他方法提出的描述符的比较。可以在所有列出的方法中，所提出的 STLPC 算法基本上达到了最佳的识别性能。

表 2-13　KTH 数据集上不同描述符的性能比较

Methods	Scenario 1	Scenario 2	Scenario 3	Scenario 4	Average	All–in–one
STLPC	98.7	88.0	96.7	98.7	95.5	95.0
AFMKL[22]	96.7	91.3	93.3	96.7	94.5	—
GKML[36]	96.0	86.0	90.7	94.0	91.7	—
HMAX[8]	96.0	86.1	89.8	94.8	91.7	—
HOG 3D	97.3	80.7	93.3	95.9	91.8	91.5
SIFT 3D	96.0	74.7	90.7	96.5	89.5	90.5

表 2-14　KTH 数据集上不同方法的纵向性能比较

Methods	Accuracy
Dollar et al. [37]	81.2%
Savarese et al. [38]	86.8%

Methods	Accuracy
Niebels et al. [39]	81.5%
Liu et al. [24]	94.2%
Zhang et al. [40]	92.9%
Liu et al. [41]	93.8%
Wang et al. [42]	94.2%
Zhang et al. [43]	93.5%
STLPC	95.0%

从表 2-13 给出的几个场景下的识别性能对比分析可以看出，所提出的 STLPC 方法在 KTH 数据集中场景 1 和场景 4 中达到了最好的精度，在场景 2（包含相机缩放）中虽然性能低于文献 [22] 提出的 AFMKL 方法，但也能取得相对满意的结果。在场景 3 中演员穿着完全不同的衣服，尽管这种着装的差异会对系统性能产生较大的影响，所提出的 STLPC 仍然能够实现较高的识别性能。这证明 STLPC 对尺度变换（场景 2）具有鲁棒性，并对人体受试者的服装变化（场景 3）不敏感。需要注意的是，所提出的 STLPC 方法中，四个场景的平均精度略高于将四个场景混合为一个场景（All-in-one）中的精度，这是由于所有场景中的动作都比每个场景中的动作具有更大的组内变化，这个结果在理论上是可解释的。此外，所提出的 STLPC 大大优于其他流行的描述符，如 HOG3D 和 SIFT3D 等。

表 2-14 列出整体性能，即 All-in-one 条件下与其他方法的纵向比较，从表中可以看出，所提出的 STLPC 在整体上的性能优于其他方法。

多摄像机 IXMAS 数据集：如表 2-15 给出了所提出的 STLPC 方法在多摄像机 IXMAS 数据集在五个镜头下和其他方法的对比。虽然 IXMAS 数据集中每个动作都有轮廓信息，但由于噪声、身体部位缺失和自我遮挡，其中一些轮廓信息提取得不好，这种现象在 5 号相机（Camera 5）录制的视频中尤为明显。从表 2-15 可以看出，所提出的 STLPC 方法在所有五个摄像机录制的数据中的性能都基本上优于其他方法。尤其是在 5 号相机录制的视频中，由于人体行为动作被显著遮挡，对于大多数方法而言识别性能明显降低，但所提出的 STLPC 方法在 5 号相机（Camera 5）录制的视频中仍具有较好的识别率。除此之外，表 2-15 还给出了 HOG3D 和 SIFT3D 全局描述符在五个摄像机下采集的视频的性能对比，可以看出所提出的 STLPC 方法性能在五个摄像机对应的数据集中均优于 HOG3D 和 SIFT3D 全局描述符。

表 2-15　IXMAS 数据集上五种摄像机不同方法的性能比较

Methods	Camera 1	Camera 2	Camera 3	Camera 4	Camera 5
STLPC	91.8	88.8	91.7	87.4	81.8
HOG 3D	85.8	85.9	88.2	80.1	78.4
SIFT 3D	81.9	81.9	84.2	82.0	70.4
GMKL[22]	76.4	74.5	73.6	71.8	60.4
AFMKL[22]	81.9	80.1	77.1	77.6	73.4
Weinland et al.[23]	84.7	80.8	87.9	88.5	72.6
Liu et al.[24]	76.7	73.3	72.1	73.1	—
Yan et al.[25]	72.0	53.0	68.1	63.0	—
Weinland et al.[16]	65.4	70.0	54.5	66.0	33.6
Junejo et al.[26]	76.4	77.6	73.6	68.8	66.1

UCF Sports 数据集：表 2-16 给出了对 UCF Sports 数据集的评估。该数据集中的人体行为数据都是来源于真实数据，并且以不同视角和背景下采集，具有很大的类内可变性，这在一定程度上增加识别难度。从表 2-16 可以看出，所提出的 SPLPC 方法仍然具有较好的性能，可以达到 93.4% 的识别率，比次优的结果 91.3% 高出 2% 以上。此外，所提出的 SPLPC 描述符在该数据集中的性能始终优于 HOG3D 和 SIFT3D 全局描述符，这一结果表明所提出的 STLPC 方法对于识别真实的人体行为也是有效的。

表 2-16　UCF Sports 数据集上不同方法的性能比较

Methods	Accuracy
STLPC	93.4%
HOG3D	84.4%
SIFT3D	77.3%
Raptis et al.[42]	79.4%
Wang et al.[42]	88.2%
Yeffet et al.[19]	79.3%
Raptis et al.[44]	79.4%
GMKL[22]	85.2%
AFMKL[22]	91.3%

Methods	Accuracy
Le et al.[28]	86.5%
Kovashka et al.[29]	87.3%
Weinland et al.[23]	90.1%
Wang et al.[30]	85.6%
Rodriguez et al.[17]	69.2%

HMDB5 数据集：从表 2–10 和表 2–12 可以看出，所提出的 STLPC 算法通过三个不同的训练和测试分割，平均准确率达到 37.3%，这表明 STLPC 在大规模真实人体动作识别中的潜力。在相同的实验设置下，STLPC 显著优于文献 [45] 中报告的结果（25.6%）。

本节中引入了用于多分辨率视频分析的时空高斯 / 拉普拉斯金字塔，并提出了一种新的全局描述符用于人体行为的整体表示，称为时空拉普拉斯金字塔编码（Spatiotemporal Laplacian Pyramid Coding，STLPC）。在拉普拉斯金字塔模型中，人体行为的序列被分解成一系列带通滤波分量，其中具有不同大小的时空显著特征可以用于人体行为的定位和表示的增强。在拉普拉斯金字塔之后，一组 3D Gabor 滤波器和最大池化技术被相继应用于提取具有区分性和时空不变性的时空特征。由于 3D Gabor 滤波和最大池化都是在空间和时间维度上执行，因此在最后基于时空拉普拉斯金字塔特征表示中很好地保留了运动和结构信息。

与现有的整体表示方法相比，该方法不依赖精确的跟踪和定位算法，并可以很好地处理粗糙的边界框，因此所提出的方法为人体行为全局表示提供了一条有效的途径。对 KTH、IXMAS、UCF Sports 和 HMDB51 四个数据集的评估表明，该方法在人体行为识别全局描述符上的有效性。

2.3 时空可控能量描述符

2.3.1 概述

底层特征表示是人体行为的中层 [32, 35, 46] 和高层 [47] 特征表示的基础。方向滤波器在早期视觉和图像处理中起着关键作用 [48]，基于方向梯度的特征也已成功从图像领域扩展到视频分析和行为识别 [32]。其中 Freeman 和 Adelson[48] 用基滤波器的线性组合，合成任意方向的滤波器，即方向可调滤波器。由于方向可调滤波器可以有效实施多方向分析，因此可以灵活用于特征表示中。Wildes 和 Bergen[49]

通过应用可调滤波的特点，提出了一种使用方向能量表示的定性时空分析方法。这项工作被视为视频索引和其他时空数据表示的代表性成果。Derpanis 和 Gryn[50] 扩展了文献 [48] 中的二维可分离导向滤波器的结构，详细介绍了三维可分离方向滤波器的构造，并利用紧凑高效的计算，实现可分离和可控制性。利用可调滤波器的正交输出，陆续有研究者探索了时空分组 [51]、高效动作定位 [52]，以及视觉跟踪 [53] 中的局部定向能量表示。Derpanis 等人 [51] 采用定向能量表示法将原始图像数据分组到一组相关的时空区域中。该表示描述了以分布式方式存在的特定方向时空结构，以捕获给定位置处的多个方向结构。Derpanis 等人进一步设计了一个基于定向能量测度的描述符，用于人体行为识别 [52]。类似地，Cannons 等人 [53] 提出了一种用于视觉跟踪的像素级时空能量表示法。因为它包括外观和运动信息以及关于这些描述符如何在空间上排列的信息，其所提出的表示信息非常丰富。Sadanand 和 Corso[47] 提出了一种用于人体行为识别的高级表示，即动作库（Action Bank），其中方向能量特征用于生成检测器的动作模板库，并进一步使用 3D 高斯三阶导数滤波器实现时空方向分解。

受目标分类和视频分析 [49] 中方向可调滤波器的成功应用的启发，本节提出了一种新的基于时空方向可调金字塔（Spatio-Temporal Steerable Pyramid，STSP）的全局表示方法。可调金字塔 [54] 是非正交和过完备的，具备理想的平移和旋转不变性，它是一种将多尺度分解与差分测度相结合的变换，可用于捕获时空三维立方体中的定向结构。

2.3.2　时空可控金字塔特征表示

将原始视频序列看作一个三维立方体，在帧差分、三维梯度以及光流的基础上，构造时空拉普拉斯金字塔结构。为了有效地探索视频序列中的方向信息，在得到的拉普拉斯金字塔的每一层上应用一组具有不同尺度的时空可控滤波器，将整体的立方体分解成一组子带立方体，这些子带立方体可以分离和增强不同尺度上的时空特征，得到更为适合的人体行为特征表示，其具体过程见图 2-13 所示。值得注意的是，时空方向可控滤波器在三维空间，即 X–Y–T 空间中是可分离、可控制的滤波器，并具有高效运算、节省时间的优点。受之前工作的启发，本节采用滤波器之后得到的时空局部能量的表示方法，具体而言，该表示方法是根据每个体积中体素的滤波响应的正交对来计算。最后，在可控制滤波器的相邻尺度之间和局部时空邻域上执行特征池操作，即最大池化操作，这使得最终表示对缩放和移位更具鲁棒性。

此外，在最大池化之后，整体的表示变得更加紧凑。时空可控金字塔特征表示采用二阶三维高斯导数作为可调基，在保持了令人满意的性能的同时，比高阶（如三阶）的三维高斯导数更有效。此外，为了获得尺度不变性，本节将时空最大池化运算应用于可控制滤波的相邻尺度响应，这使得所提出的方法不同于以前的工作。

时空可控金字塔特征表示的具体特征提取的流程图如图 2-14 所示。

1. 时空可控滤波器

局部方向结构信息对于时空数据的表示非常重要，尤其是在运动分析中。从纯几何的角度来看，方向可以捕获不同模式的局部一阶相关结构信息[49]。而人体行为运动被视为具有适当时空方向的模式，因此时空方向滤波器能够在空间和时间上探索方向信息，更适用于运动分析。

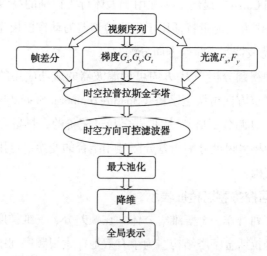

图 2-14　时空定向能量方法特征提取流程示意图

方向可调滤波器[48]是一组方向可选择的卷积核，其操作可以用一组可旋转的方向滤波器组的线性组合，对图像进行增强和特征提取。对于任意的时空函数 $f(x,y,t)$，$f^{\theta}(x,y,t)$ 是对其旋转一个 θ 角度得到的结果。具体可以通过如下公式得到：

$$f^{\theta}(x,y,t) = \sum_{j=1}^{M} k_j(\theta) f^{\theta_j}(x,y,t) \qquad (2-12)$$

根据公式（2-12），可以得到高斯函数二阶导数 G_2^{θ} 和其希尔伯特变换 H_2^{θ} 上的多尺度可控滤波器的基。G_2^{θ} 计算公式如下：

$$G_2^\theta = \sum_{i \in \{a, \cdots, f\}} k_i(\theta) G_{2i} \qquad (2-13)$$

其中式（2-13）中 $k_i(\theta)$ 和 G_{2i}，$i \in \{a, \cdots, f\}$ 具体值如表 2-17 所示。

表 2-17　基于高斯函数的滤波器组和插值权重

基函数	插值权重
$G_{2a} = N(2x^2 - 1) e^{-(x^2+y^2+z^2)}$	$k(\alpha, \beta, \gamma) = \alpha^2$
$G_{2b} = N(2xy) e^{-(x^2+y^2+z^2)}$	$k(\alpha, \beta, \gamma) = 2\alpha\beta$
$G_{2c} = N(2y^2 - 1) e^{-(x^2+y^2+z^2)}$	$k(\alpha, \beta, \gamma) = \beta^2$
$G_{2d} = N(2xz) e^{-(x^2+y^2+z^2)}$	$k(\alpha, \beta, \gamma) = 2\alpha\gamma$
$G_{2e} = N(2yz) e^{-(x^2+y^2+z^2)}$	$k(\alpha, \beta, \gamma) = 2\beta\gamma$
$G_{2f} = N(2z^2 - 1) e^{-(x^2+y^2+z^2)}$	$k(\alpha, \beta, \gamma) = \gamma^2$

表 2-17 中 $N = 0.82296$。

H_2^θ 计算公式如下：

$$H_2^\theta = \sum_{i \in \{a, \cdots, j\}} k_i(\theta) H_{2i} \qquad (2-14)$$

其中公式（2-14）中 $k_i(\theta)$ 和 H_{2i}，$i \in \{a, \cdots, f\}$ 具体值如表 2-18 所示。

表 2-18　基于高斯函数的滤波器组和插值权重

基函数	插值权重
$H_{2a} = N(x^3 - 2.254x) e^{-(x^2+y^2+z^2)}$	$k(\alpha, \beta, \gamma) = \alpha^3$
$H_{2b} = Ny(x^2 - 0.751333) e^{-(x^2+y^2+z^2)}$	$k(\alpha, \beta, \gamma) = 3\alpha^2\beta$
$H_{2c} = Nx(y^2 - 0.751333) e^{-(x^2+y^2+z^2)}$	$k(\alpha, \beta, \gamma) = 3\alpha\beta^2$
$H_{2d} = N(y^3 - 2.254y) e^{-(x^2+y^2+z^2)}$	$k(\alpha, \beta, \gamma) = \beta^3$
$H_{2e} = Nz(x^2 - 0.751333) e^{-(x^2+y^2+z^2)}$	$k(\alpha, \beta, \gamma) = 3\alpha^2\beta$
$H_{2f} = Nxyze^{-(x^2+y^2+z^2)}$	$k(\alpha, \beta, \gamma) = 6\alpha\beta\gamma$
$H_{2g} = Nz(y^2 - 0.751333) e^{-(x^2+y^2+z^2)}$	$k(\alpha, \beta, \gamma) = 3\beta^2\gamma$
$H_{2h} = Nx(z^2 - 0.751333) e^{-(x^2+y^2+z^2)}$	$k(\alpha, \beta, \gamma) = 3\alpha\gamma^2$
$H_{2i} = Ny(z^2 - 0.751333) e^{-(x^2+y^2+z^2)}$	$k(\alpha, \beta, \gamma) = 3\beta\gamma^2$
$H_{2j} = N(z^3 - 2.254z) e^{-(x^2+y^2+z^2)}$	$k(\alpha, \beta, \gamma) = \gamma^3$

表 2-18 中 $N = 0.877776$。

上述两个表中的 α、β 和 γ 计算是依据空间夹角 θ 和时空夹角 φ。具体计算公式如下：

$$\alpha = \cos(\theta)\sin(\varphi) \qquad (2-15)$$

$$\beta = \sin(\theta)\sin(\varphi) \quad\quad (2\text{-}16)$$

$$\gamma = \cos(\varphi) \quad\quad (2\text{-}17)$$

2. 低层特征提取

这里低层特征采用强度、梯度和光流三种特征。

强度：为了捕捉动作的外观特性，在每个原始视频序列中的相邻帧之间执行减法，获得具有帧差（DoF）的体积。这个 DoF 增强了与运动相关的人体信息，并在很大程度上抑制了背景干扰和噪声影响。

梯度：为了提取局部强度变化，低层特征中还将时空可控金字塔应用于具有 DoF 的立方体的三维梯度。更具体地说，对于每个立方体，三维梯度首先沿着 X，Y 和 T 方向计算梯度 G_x，G_y 和 G_t。然后在两个立方体上计算梯度 $G_{xt} = G_t/(\,|\,G_x\,|+1)$ 和 $G_{yt} = G_t/(\,|\,G_y\,|+1)$。

光流：关于运动信息，这里使用 Lucas Kanade 方法[55] 来估计水平和垂直方向上的光流，这是一种高效的计算方法。然后，带有 DoF 和光流的三维立方体作为输入送到时空可控金字塔。

3. 局部方向能量

人体行为被视为具有不同方向能量的时空模式。根据之前的工作[49]，为了消除相位变化，这里在每个尺度和方向内产生了局部能量 $E(x,y,t)$ 的测度。

考虑视频序列中的一个点，坐标为 (x,y,t)，其在某个方向 θ 对应的能量如下：

$$E^{\theta}(x,y,t) = \left[\, G_2^{\theta} * I(x,y,t)\,\right]^2 + \left[\, H_2^{\theta} * I(x,y,t)\,\right]^2 \quad\quad (2\text{-}18)$$

这里 $I(x,y,t)$ 指时空立方体强度。

局部方向能量是相位无关的运动测度。由于局部能量是基于可控滤波输出的平方项计算，因此该局部方向能量能有效地捕获具有多尺度和多方向的运动模式，因此面向局部方向能量模型可以提供一种鲁棒有效的行为表示。

4. 最大池化

受第 2.2 节中时空拉普拉斯金字塔中的最大池化技术的成功启发，这里将时空最大池化技术纳入时空可控金字塔中，以获得具有图像变换的不变性、更紧凑的表示以及更好的抗噪声能力[12]。

5. 降维

基于 2.1 和 2.2 节中的实验结果，为了获得更紧凑的表示，这里同样采用主成分分析（PCA）和判别局部性分析（DLA）[9] 的降维技术进行特征降维。

2.3.3　实验结果

1. 实验设置

这里在所有数据集上遵循 2.2 中的实验设置。特别的，HMDB51 数据集使用了非常粗糙的边界框，甚至没有边界框，以证明所提出的时空可控能量描述符在现实场景中的有效性。随着人体检测和跟踪技术的发展，在获取更准确、确定的边界框基础上，所提出的时空可控能量描述符可以获取更好的性能。

2. 中间结果分析

1）拉普拉斯金字塔层数和低层特征表示影响

在 KTH、UCF Sports 和 HMDB51 数据集上使用不同层及底层特征的结果对比如表 2-19~ 表 2-21 所示。从表中可以看出，所有特征及其组合的识别率都随着金字塔层数的增加而增加，这证明了拉普拉斯金字塔的有效性。值得注意的是，KTH 和 UCF 运动的最佳结果出现在三层拉普拉斯金字塔上，而 HMDB51 的最佳结果出现在四级拉普拉斯金字塔上，意味着由于 HMDB51 数据集复杂性和大的类内变化，需要更多信息来表示其中的行为。

表 2-19　KTH 数据集上使用不同层及低层特征的结果对比

#Level	0	1	2	3	4
Intensity	83.5%	86.0%	88.5%	89.3%	87.0%
DoF	87.5%	89.5%	91.3%	92.1%	91.5%
Optical Flow	87.6%	90.1%	91.0%	91.1%	91.1%
Gradients	90.8%	91.5%	92.1%	92.5%	92.3%
DoF+Optical Flow	90.0%	93.5%	93.3%	93.2%	93.5%
DoF+Gradients	90.0%	93.5%	94.1%	94.5%	94.3%
DoF+Optical flow+Gradients	91.0%	92.6%	93.8%	94.2%	94.0%

从表 2-19 中列出的 KTH 数据集结果上，可以看出 DoF 操作的确提高了系统性能，如 DoF 和光流（Optical Flow）结合比单独采用 DoF 或光流的性能有所提升。其中 DoF 的最好性能为 92.1%，光流对应的最佳性能为 91.1%，而两者结合的性能为 93.5%，对应性能至少提高 1.4%。而 DoF 和梯度（Gradients）结合比单独采用梯度方法性能也有所提高，并且在拉普拉斯金字塔层数为 3 时，达到最佳性能，达到 94.5% 识别率。这些结果表明 DoF 能够有效抑制背景和噪声。

此外，很明显，特征组合可以显著提高性能，通过 DoF+ 梯度（Gradients）可以获得最佳效果。DoF、梯度 Gradients 和光流 Optical Flow 的组合比每个单一特征都取得了更好的效果，但略低于 DoF+ 梯度 Gradients。

表 2-20　UCF Sports 数据集上使用不同层及低层特征的结果对比

#Level	0	1	2	3	4
Intensity	63.6%	65.4%	66.3%	68.4%	67.1%
DoF	64.4%	74.1%	74.8%	73.6%	72.9%
Optical Flow	68.3%	73.8%	73.7%	73.6%	73.6%
Gradients	65.7%	69.0%	69.7%	69.7%	68.3%
DoF+Optical Flow	65.8%	76.0%	77.3%	76.7%	76.7%
DoF+Gradients	65.6%	76.6%	78.0%	78.0%	78.0%
DoF+Optical flow+Gradients	71.0%	79.4%	80.1%	80.7%	80.7%

　　表 2-20 所示的 UCF Sports 的结果与 KTH 上的结果基本一致，即和没有 DoF 相比，带有 DoF 性能得到显著提高。与 KTH 数据集不同的是，DoF、梯度（Gradients）和光流（Optical Flow）的组合效果最好，这体现了这三个特征的互补性。此外，还可以看到，两个特征的任意组合，即 DoF+ 光流或 DoF+ 梯度，都优于单个特征，这说明特征组合可以显著提高性能。

表 2-21　HMDB51 数据集上使用不同层及低层特征的结果对比

#Level	0	1	2	3	4
Intensity	18.3%	21.5%	22.5%	21.5%	21.2%
DoF	21.1%	24.1%	24.8%	25.0%	25.6%
Optical Flow	20.5%	23.1%	25.7%	28.1%	28.1%
Gradients	17.9%	19.2%	20.9%	20.5%	21.4%
DoF+Optical Flow	24.6%	27.2%	29.7%	31.0%	31.7%
DoF+Gradients	20.4%	24.4%	25.9%	27.0%	27.8%
DoF+Optical flow+Gradients	24.6%	27.1%	29.7%	31.0%	31.6%

　　HMDB51 数据集的结果如表 2-21 所示。HMDB51 数据集被视为包含实际人体行为的非常具有挑战性的数据集。在实验中，使用没有任何边界框的原始视频序列来证明所提出的方法在完全无约束数据集上的性能。此数据集上的性能趋势基本上与 KTH 上的一致。与单层相比，多层拉普拉斯金字塔提高了性能。与 KTH 数据集稍有不同，DoF 在 HMDB51 上似乎更有效，因为真实数据集中的背景变化和干扰更严重，因此这样的结果也是合理的。此外，DoF 和光流（Optical Flow）的结合获取了最佳效果，即 31.7%。其与 DoF、梯度（Gradients）和光流（Optical Flow）组合结果相当。

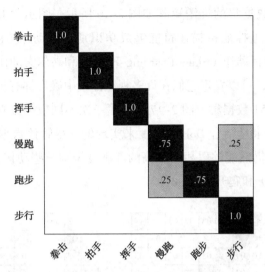

图 2-15　KTH 上的混淆矩阵

图 2-15 给出了 DoF 与光流相结合后的 KTH 上的混淆矩阵。从混淆矩阵可以看出，时空可控能量描述符能够成功识别拳击（Boxing）、拍手（Hand Clapping）、挥手（Waving）和步行（Walking），识别率为 100%。识别错误主要发生在慢跑（Jogging）和跑步（Running），而这两种动作共享许多相似的运动模式，即使是人眼也难以识别。

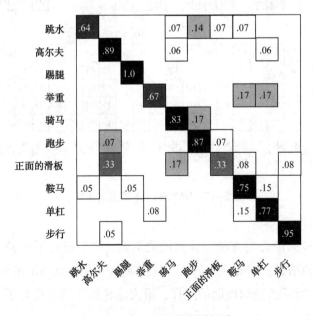

图 2-16　UCF 上的混淆矩阵

UCF Sports 数据集的混淆矩阵如图 2-16 所示。图示为 DoF、光流和梯度组合的结果。时空可控能量描述符能够成功识别踢腿动作（Kicking），识别率为100%。正面的滑板动作（Skate Boarding-Front）和高尔夫动作（Golf）严重混淆。研究这两个动作，可以发现它们在许多视频样本中确实都有相似的表现。

对于 HMDB51 数据集，图 2-17 绘制了三次不同数据分割的平均识别率的混淆矩阵。实验结果是结合 DoF 和梯度来实现的。尽管该数据集存在挑战，时空可控能量描述符仍然能够以相对较高的准确度识别一些动作，如上拉（Pullup）、俯卧撑（Pushup）和爬升（Climb）。

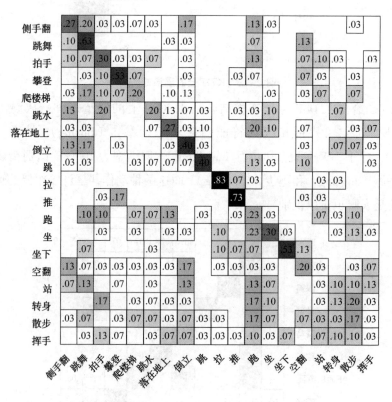

图 2-17　HMDB51 上的混淆矩阵

2）特征池化

为了研究最大池化对方法整体性能的贡献，我们进行了实验，比较了有和没有最大池化的结果。需要注意的是，这些实验都在具有 DoF 的特征上进行的。结果如表 2-22 所示。正如预期的那样，最大池化操作确实提高了所有三个数据集的性能。

表 2-22　最大池化操作性能对比

	#level	0	1	2	3	4
KTH	Max Pooling	87.5%	89.5%	91.3%	92.1%	91.5%
	No Max Pooling	86.3%	88.5%	90.1%	89.6%	89.9%
UCF Sports	Max Pooling	64.4%	74.1%	74.8%	73.6%	72.9%
	No Max Pooling	66.9%	67.2%	70.1%	67.3%	68.6%
HMDB51	Max Pooling	21.1%	24.1%	24.8%	25.0%	25.6%
	No Max Pooling	20.9%	21.2%	22.9%	23.5%	23.7%

有趣的是，与 KTH 数据集相比，最大池化操作对真实数据集（即 UCF Sports 和 HMDB51）的影响更大。这也是合理的，因为在真实数据集上，最大池化操作可以在抑制噪声的同时，可选择更具辨别力的特征。

3）降维

对于 KTH、UCF Sports 和 HMDB51 数据集，使用判别局部对齐（DLA）和主成分分析（PCA）进行降维的结果分别如表 2-23~ 表 2-25 所示。在所有三个数据集上，DLA 在金字塔的各个层次上都始终优于 PCA，这验证了 DLA 在行为识别中的降维效果。

有趣的是，我们可以在表 2-23 和表 2-25 中发现，当 PCA 用于特征降维时，性能不会随着拉普拉斯金字塔层数的不同而发生显著变化。而使用 DLA，可以发现系统性能随着拉普拉斯金字塔层数的增加而增加，这表明 DLA 可以有效地提取驻留在拉普拉斯金字塔每一层中的鉴别信息。

表 2-23　KTH 数据集上采用不同降维技术性能

（采用 DoF+ 梯度低层特征）

#Level	0	1	2	3	4
DLA	90.0%	93.5%	94.1%	94.5%	94.3%
PCA	88.8%	91.6%	92.3%	91.8%	91.8%

表 2-24　UCF Sports 数据集上采用不同降维技术性能

（采用 DoF+ 梯度 + 光流低层特征）

#Level	0	1	2	3	4
DLA	71.0%	79.4%	80.1%	80.7%	80.7%
PCA	64.3%	67.5%	70.2%	70.2%	70.2%

表 2-25　HMDB51 数据集上采用不同降维技术性能

（采用 DoF 和梯度低层特征）

	#Level	0	1	2	3	4
S1	DLA	26.7%	28.8%	32.5%	33.5%	33.7%
	PCA	27.5%	28.1%	27.4%	27.7%	27.4%
S2	DLA	25.8%	28.3%	30.7%	32.3%	33.2%
	PCA	23.9%	25.4%	24.4%	24.7%	24.9%
S3	DLA	21.4%	24.4%	25.8%	27.2%	28.1%
	PCA	23.9%	24.3%	24.6%	24.9%	24.7%
Average	DLA	24.6%	27.2%	29.7%	31.0%	31.7%
	PCA	25.1%	25.9%	25.4%	25.8%	25.7%

3. 和其他方法实验结果对比

在表 2-26 中，在 KTH 数据集上对时空可控能量描述符与其他方法进行了比较。时空可控能量描述符优于表中列出的所有整体方法。此外，与文献 [41] 中分别使用深度学习和卷积神经网络的其他方法相比，时空可控能量描述符（Spatio-Temporal Steerable Pyramid，STSP）的工作效率更高。与 UCF Sports 和 HMDB51 数据集最新结果的比较如表 2-27 和表 2-28 所示。可以看出，在 UCF Sports 和 HMDB51 数据集上，所提出的时空可控能量描述符 STSP 具有更好的性能。

表 2-26　KTH 数据集上的性能对比

Method	Accuracy
STSP	94.5%
Jhuang et al.[8]	91.7%
Schindler et al.[18]	90.9%
Yeffet et al.[19]	90.1%
Taylor et al.[20]	90.0%
Ji et al.[21]	90.2%

表 2-27　UCF Sports 数据集上的性能对比

Method	Accuracy
STSP	80.7%
Yeffet et al.[19]	79.3%
Rodriguez et al.[17]	69.2%

表 2-28　HMDB51 数据集上的性能对比

Method	Accuracy
STSP	31.7%
Kuehne et al.[56]	22.8%
Sadanand et al.[47]	26.9%
Orit et al.[57]	29.2%

2.4　本章小结

本章主要针对全局描述符，提出三种不同的方法，包括运动与结构特征嵌入方法、时空拉普拉斯金字塔编码方法、时空可控能量描述符方法。从前面内容可知，这些方法中集合了以下几个元素：帧差分（DoF）、拉普拉斯金字塔、时空立方体、可控方向滤波器、降维方法等。并且各种方法分别在二维和三维数据上分别组合，形成所提出的三种不同的全局特征表示方法。从实验结果的中间结果以及最后结果可以看出，这些元素在 KTH、UCF Sports 和 HMDB51 三个数据集上，均可以有效地提高系统性能。

参 考 文 献

[1] Xiaofei He，Deng Cai，Yuanlong Shao，et al. Laplacian regularized gaussian mixture model for data clustering. IEEE Transactions on Knowledge and Data Engineering，2011，23（9）：1406–1418.

[2] Lena Gorelick，Moshe Blank，Eli Shechtman，et al. Actions as space–time shapes. IEEE Transactions on Pattern Analysis and Machine Intelligence，2007，29（12）：2247–53.

[3] AF Bobick，JW Davis. The recognition of human movement using temporal templates. IEEE Transactions on Pattern Analysis and Machine Intelligence，2002，23（3）：257–267.

[4] M Bregonzio，S Gong，T Xiang. Recognising action as clouds of spacetime interest points. IEEE Conference on Computer Vision and Pattern Recognition，2009：1948–1955.

[5] P Burt，E Adelson. The laplacian pyramid as a compact image code. IEEE Transactions on Communication，1983，31（4）：532–540.

[6] D Song，D Tao. Biologically inspired feature manifold for scene classification. IEEE

Transactions on Image Processing, 2010, 19 (1): 174–184.

[7] Kevin Jarrett, Koray Kavukcuoglu, Marc'Aurelio Ranzato, et al. What is the best multi–stage architecture for object recognition? International Conference on Computer Vision, 2009 : 2146–2153.

[8] Hueihan Jhuang, Thomas Serre, Lior Wolf, et al. A biologically inspired system for action recognition. IEEE International Conference on Computer Vision, 2007 : 1–8.

[9] T Zhang, D Tao, X Li, et al. Patch alignment for dimensionality reduction. IEEE Transactions on Knowledge and Data Engineering, 2008 : 1299–1313.

[10] Guoying Zhao, Matti Pietikainen. Dynamic texture recognition using local binary patterns with an application to facial expressions. IEEE Transactions on Pattern Analysis and Machine Intelligence, 2007, 29 (6): 915–928.

[11] J Yang, K Yu, Y Gong, et al. Linear spatial pyramid matching using sparse coding for image classification. IEEE International Conference on Computer Vision and Pattern Recognition, 2009 : 1794–1801.

[12] Y L Boureau, J Ponce, Y LeCun. A theoretical analysis of feature pooling in visual recognition. International Conference on Machine Learning, 2010.

[13] M Riesenhuber, T Poggio. Hierarchical models of object recognition in cortex. Nature Neuroscience, 1999, 2 : 1019–1025.

[14] Z Zhang, H Zha. Principal manifolds and nonlinear dimensionality reduction via tangent space alignment. Journal of Shanghai University (English Edition), 2004, 8 (4): 406–424.

[15] A Yao, J Gall, L Van Gool. A hough transform–based voting framework for action recognition. IEEE Conference on Computer Vision and Pattern Recognition, 2010, 2061–2068.

[16] Daniel Weinland, Edmond Boyer, Remi Ronfard. Action recognition from arbitrary views using 3d exemplars. IEEE International Conference on Computer Vision, 2007 : 1–7.

[17] Mikel D. Rodriguez, Javed Ahmed, Mubarak Shah. Action MACH a spatiotemporal Maximum Average Correlation Height filter for action recognition. IEEE Conference on Computer Vision and Pattern Recognition, 2008 : 1–8.

[18] K Schindler, L Van Gool. Action snippets : How many frames does human action recognition require? In IEEE International Conference on Computer Vision and Pattern Recognition, 2008 : 1–8.

[19] Lahav Yeffet, Lior Wolf. Local trinary patterns for human action recognition. IEEE International Conference on Computer Vision, 2009 : 492–497.

[20] Graham W Taylor, Rob Fergus, Yann LeCun, et al. Convolutional learning of spatio–temporal features. In European Conference on Computer Vision, 2010 : 140–153.

[21] S Ji, W Xu, M Yang, K Yu. 3d convolutional neural networks for human action recognition. In 27th International Conference on Machine Learning, 2010.

[22] X Wu, D Xu, L Duan, J Luo. Action recognition using context and appearance distribution features. IEEE Conference on Computer Vision and Pattern Recognition, 2011.

[23] D Weinland, M Ozuysal, P Fua. Making action recognition robust to öcclusions and viewpoint changes. European Conference on Computer Vision, 2010 : 635–648.

[24] J Liu, M Shah. Learning human actions via information maximization. IEEE Conference on Computer Vision and Pattern Recognition, 2008 : 1–8.

[25] Pingkun Yan, S M Khan, Mubarak Shah. Learning 4d action feature models for arbitrary view action recognition. IEEE Conference on Computer Vision and Pattern Recognition, 2008 : 1–7.

[26] I Junejo, Emilie Dexter, Ivan Laptev, et al. Cross–view action recognition from temporal self–similarities. In European Conference on Computer Vision, 2008 : 293–306.

[27] Heng Wang, A. Kläser, Cordelia Schmid, et al. Action recognition by dense trajectories. IEEE Conference on Computer Vision and Pattern Recognition, 2011.

[28] Q V Le, W Y Zou, S Y Yeung, et al. Learning hierarchical invariant spatio–temporal features for action recognition with independent subspace analysis. IEEE Conference on Computer Vision and Pattern Recognition, 2011.

[29] Adriana Kovashka, Kristen Grauman. Learning a hierarchy of discriminative space–time neighborhood features for human action recognition. IEEE Conference

on Computer Vision and Pattern Recognition, 2010 : 2046–2053.

[30] Heng Wang, M M Ullah, A Klaser, et al. Evaluation of local spatio–temporal features for action recognition. British Machine Learning Conference, 2009.

[31] T Lindeberg. Scale–space theory : A basic tool for analyzing structures at different scales. Journal of Applied Statistics, 1994 : 21（1–2）: 225–270.

[32] P Scovanner, S Ali, M Shah. A 3–dimensional sift descriptor and its application to action recognition. 15th International Conference on Multimedia, ACM, 2007 : 357–360.

[33] Jan J Koenderink. The structure of images. Biological Cybernetics, 1984, 50（5）: 363– 370.

[34] Laurent Itti, Christof Koch, Ernst Niebur. A model of saliency based visual attention for rapid scene analysis. IEEE Transactions on Pattern Analysis and Machine Intelligence, 1998, 20（11）: 1254–1259.

[35] A Kläser, M Marsza lek, C. Schmid. A spatio–temporal descriptor based on 3d–gradients. In British Machine Learning Conference, 2008, 995–1004.

[36] Manik Varma, Bodla Rakesh Babu. More generality in efficient multiple kernel learning. International Conference on Machine Learning, 2009 : 1065– 1072.

[37] P Dollar, V Rabaud, G Cottrell, et al. Behavior recognition via sparse spatio–temporal features. IEEE International Workshop on Visual Surveillance and Performance Evaluation of Tracking and Surveillance, 2005 : 65–72.

[38] S Savarese, A DelPozo, J C Niebles, et al. Spatial–temporal correlatons for unsupervised action classification. IEEE Workshop on Motion and Video Computing, 2008 : 1–8.

[39] J C Niebles, H Wang, L Fei–Fei. Unsupervised learning of human action categories using spatial–temporal words. IEEE Transactions on Pattern Analysis and Machine Intelligence, 2008, 79（3）: 299–318.

[40] Z Zhang, Y Hu, S Chan, et al. Motion context : A new representation for human action recognition. European Conference on Computer Vision, 2008 : 817–829.

[41] J Liu, J Luo, M Shah. Recognizing realistic actions from videos in the wild. IEEE Conference on Computer Vision and Pattern Recognition, 2009 : 1996–2003.

[42] H Wang, A Klaser, C Schmid, et al. Action recognition by dense trajectories.

IEEE Conference on Computer Vision and Pattern Recognition, 2011 : 3169–3176.

［43］Z Zhang, D Tao. Slow feature analysis for human action recognition. IEEE Transactions on Attern Analysis and Machine Intelligence, 2012, 34（3）: 436–450.

［44］M Raptis, I Kokkinos, S Soatto. Discovering discriminative action parts from mid–level video representations. IEEE Conference on Computer Vision and Pattern Recognition, 2012 : 1242–1249.

［45］Xiantong Zhen, Ling Shao. Spatio–temporal steerable pyramid for human action recognition. IEEE International Conference on Automatic Face and Gesture Recognition, 2013 : 1–6.

［46］Ivan Laptev, Marcin Marszalek, Cordelia Schmid, et al. Learning realistic human actions from movies. IEEE Conference on Computer Vision and Pattern Recognition, 2008 : 1–8.

［47］S Sadanand, J J Corso. Action bank : A high–level representation of activity in video. IEEE Conference on Computer Vision and Pattern Recognition, 2012 : 1234–1241.

［48］W T Freeman, E H Adelson. The design and use of steerable filters. IEEE Transaction on Pattern Analysis and Machine Intelligence, 1991, 13（9）: 891–906.

［49］R Wildes, J Bergen. Qualitative spatiotemporal analysis using an oriented energy representation. European Conference on Computer Vision, 2000 : 768–784.

［50］K G Derpanis, J M Gryn. Three–dimensional nth derivative of gaussian separable steerable filters. IEEE International Conference on Image Processing, 2005 : Ⅲ–553.

［51］K G Derpanis, R P Wildes. Early spatiotemporal grouping with a distributed oriented energy representation. IEEE Conference on Computer Vision and Pattern Recognition, 2009 : 232–239.

［52］K G Derpanis, M Sizintsev, K. Cannons. Efficient action spotting based on a spacetime oriented structure representation. IEEE Conference on Computer Vision and Pattern Recognition, 2010 : 1990–1997.

［53］K Cannons，J Gryn，R Wildes. Visual tracking using a pixelwise spatiotemporal oriented energy representation. European Conference on Computer Vision，2010：511-524.

［54］H Greenspan，S Belongie，R Goodman，et al. Overcomplete steerable pyramid filters and rotation invariance. IEEE Conference on Computer Vision and Pattern Recognition，1994：222-228.

［55］Bruce D Lucas，Takeo Kanade，et al. An iterative image registration technique with an application to stereo vision. International Joint Conference on Artificial Intelligence，1981.

［56］H Kuehne，H J E G T Poggio，T Serre. HMDB：A large video database for human action recognition. IEEE International Conference on Computer Vision，2011.

［57］Orit Kliper-Gross，Yaron Gurovich，Tal Hassner，et al. Motion interchange patterns for action recognition in unconstrained videos. European Conference on Computer Vision，2012：256-269.

第 3 章　局部特征表示下的人体行为识别

局部特征在视觉识别中起着重要作用。在过去的几十年中，基于局部特征的方法，例如词袋（Bag of Word，BoW）模型和稀疏编码（Sparse Coding，SC），已经证明了它们在图像识别中的有效性。近年来，人们提出了许多新技术，包括对 BoW 和稀疏编码的改进以及非参数朴素贝叶斯最近邻（NBNN）分类器，并推动了图像领域的发展。然而，在视频领域，BoW 模型仍然占据着人体行为识别领域的主导地位。除了 BoW 模型之外的其他技术，如核匹配等，研究者也证明了它们在处理局部特征方面的潜力。本章的目标是对这些局部表示下的人体行为识别技术进行系统研究，并在统一的评估框架下比较它们的性能。

3.1　基于 BoW 方法

3.1.1　概述

随着视频应用领域的不断发展，需要识别越来越复杂的人体行为，并且随着视频中的背景变化的复杂化，从视频中提取出可靠的全局特征越来越困难，这些原因使得基于全局特征的人体行为识别方法难以满足不同应用的需求。近年来，局部特征表示下的人体行为识别方法受到越来越多的重视，词袋模型（BoW）是其中重要的一种。词袋模型最先用于自然语言处理领域，对于一个文本，忽略其词序和语法、句法，将其仅仅看作是一个词集合，或者说是词的一个组合，文本中每个词的出现都是独立的，不依赖于其他词是否出现，或者说当这篇文档的作者在任意一个位置选择一个词汇都不受前面句子的影响而独立选择，则可以通过统计"单词"在一篇文档中出现次数，作为文档的一种特征表示。研究人员将词袋模型拓展到图像处理领域，为了表示一幅图像，可以将图像看作文档，即若干个"视觉词汇"的集合，同样的，视觉词汇相互之间没有顺序。进一步，可以将词袋模型扩展到人体行为识别领域，用于表示视频中的人体行为。由于词袋模型对于遮挡和复杂背景较为鲁棒，在人体行为识别中取得很大成功。

视频处理中的词袋模型虽然来源于自然语言处理的单词，然而又不同于自然语言处理。在自然语言处理中，"单词"本身就是离散的，可以直接从文档中抽取，而视频中提取的每一个特征表示是连续特征空间中的离散点，因此要应用词袋模型，需要自行构建由"单词"组成的词典，并统计这些"单词"在视频中出现次数作为人体行为的表示。

在计算机视觉领域（如人体行为识别、图像分类等），理想的词典应该具有两种特性：紧凑性和判别性。所谓紧凑性是指词典的大小应该足够小，从而生成的特征向量的纬度较低，可以降低存储开销和分类器的训练时间。判别性是指词典中的词条应该具有较强的判别力，不同的词条应该描述不同的语义信息。然而，要获得具有较强的判别力的词条，通常需要构建一个较大的词典，因而词典的紧凑性和判别性是一对矛盾的指标，难以同时最优。

3.1.2 BoW 局部特征表示

图 3-1 给出了词袋模型进行人体行为识别的流程框架，基于 BoW 方法中，具体的特征表示过程包括特征提取、词典构建、特征编码、池化等过程。

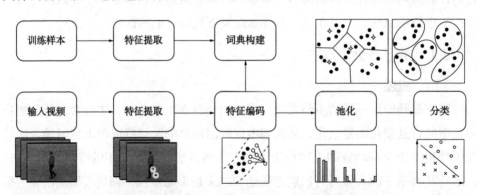

图 3-1 词袋模型进行人体行为识别的流程框架 [7]

1. 特征提取方法

特征提取中，一般分为两个步骤，一是确定感兴趣的局部区域，或者对分类有用的信息局部区域；另一个是对这个局部区域进行描述的特征提取。其中感兴趣局部区域获取中，研究者提出很多方法，包括 Laptev 的 Harris 3D 检测器 [1]，Dollar 提出的基于 Gabor 滤波器的 Cuboid 特征检测器 [2]，以及 Willems 提出的 Hessian 检测器等 [3]；确定局部感兴趣区域后，使用特征描述符对局部特征区域进行描述，其目的是使提取的描述符可以对光照、尺度、旋转等非相关因素的变化具有一定的模式不变性，同时又具有较强的判别力。这些特征描述符包括 Laptev[4] 提出的梯度直方图（Histogram of Gradient，HOG）和光流直方图（Histogram of Optical Flow，HOF），可以分别描述局部时空区域的外观信息和运动信息。Klaser[5] 提出的 HOG 3D 描述符，使用三维梯度方向的直方图描述局部时空区域。Willems[6] 将二维图像中常用的 SURF 描述符推广为三维视频空间的 ESURF 描述符。

特征提取的输入是视频序列，其输出是特征序列。其中序列中的每一个 d 维的特征表示，对应高维（d 维）连续空间中的一个点。因此特征提取的过程，即为将三维的视频映射到 d 维空间的一个点的集合。而字典构建即是将 d 维连续空间进行离散化，即用字典中的所有"单词"表示这个 d 维连续空间。

2. 字典构建

最常用的词典构建方法是 K-Means 聚类方法。K-Means 算法是一种基于样本间相似性度量的间接聚类方法，此算法以 K 为参数，把 N 个对象分为 K 个簇，以使簇内具有较高的相似度，而簇间相似度较低。另外一种常用的方法高斯混合模型（Gaussian Mixture Model，GMM）也逐渐成为一种主流的词典构建方法。作为一种生成模型，其通过多个高斯分量对特征空间进行建模，结合 Fisher 核特征编码方法，在人体行为识别领域取得极大成功。

虽然 K-Means 聚类方法存在需要确定 K 的值，并且对异常点敏感，以及未考虑密度分布等缺点，但其简洁方便，这个优点在视频处理中存在大规模数据的情况下尤为重要，因此在视频处理中 K-Means 聚类方法使用比较普遍。

这里仅简单介绍常见的 K-Means 聚类方法（见表 3-1）。

表 3-1　K-Means 算法流程

码本的生成
输入：训练数据
输出：聚类码本
1. 对训练数据随机选取 K 个聚类中心 $C=\{c_1,\cdots,c_K\}$，c_j 为第 j 个聚类中心；
2. 分别计算剩余的数据元素到这 K 个聚类中心的相似度，将这些数据分别划分到相似度最大的簇；
3. 根据上一次的聚类结果，重新计算每个簇的均值最为新的聚类中心；
4. 重复执行步骤 2、3，直到聚类中心不再有明显变化为止，得到最终的码本 $C=\{c_1,\cdots,c_K\}$；

3. 特征编码方法

对于输入视频，首先提取视频中的局部特征，并使用特征表述符对局部特征进行描述。同时，使用从训练样本中提取的局部特征描述符构建词典。之后，对提取的每个特征描述符，通过特征编码量化至词典中的词条，得到各个特征的特征编码。其中特征编码方法包括硬分配编码（Hard Assignment Coding）、软分配编码（Soft Assignment Coding）、三角形分配编码（Triangle Assignment Coding）、局部软分配编码（Localized Soft Assignment Coding）等。池化方法包括最大池化和平均池化等。

令 c_j 表示视觉单词，即码字。$C_{d \times K}$ 表示由所有视觉单词的码书，这里 d 表示局部特征向量维数，K 为码书中视觉单词个数。$x_1, \cdots, x_N$ 为视频中的局部特征。

1）硬分配编码

在硬分配编码中，每个局部特征通过使用一定的距离度量将该特征归类到码本中的最接近码字来确定。如果使用欧几里得距离，则表示 x_i 分配给码字 c_j 的权重 u_{ij}，计算如下：

$$u_{ij} = \begin{cases} 1 & j = \mathrm{argmin}_{j=1,\cdots,K} \ || \ x_i - c_j \ ||_2^2 \\ 0 & \text{otherwise} \end{cases} \quad (3-1)$$

2）软分配编码

在软分配编码中，表示 x_i 分配给码字 b_j 的权重 u_{ij}，计算如下：

$$u_{ij} = \frac{\exp(-\beta \ || \ x_i - c_j \ ||_2^2)}{\sum_{k=1}^{K} \exp(-\beta \ || \ x_i - c_k \ ||_2^2)} \quad (3-2)$$

这里 β 可以控制软分配编码中的平滑度。

3）三角形分配编码

在文献 [8] 中提出了三角形分配编码，具体编码方式由以下激活功能定义：

$$u_{ij} = \max\{0, \mu(z) - z_j\} \quad (3-3)$$

这里 $z_j = || x_i - c_j ||_2$，$\mu(z)$ 表示 z 的均值。式（3-3）中，对于任意的局部特征 x_i，其和码字 c_i 距离大于平均距离的，均强制设置为 0。

4）局部软分配编码（LSC）

通过结合位置信息和软分配编码，Liu 等人 [9] 提出了带位置约束条件的局部软分配编码（Localized Soft-assignment Coding，LSC）。x_i 分配给码字 c_j 的权重 u_{ij} 计算如下：

$$d(x_i, c_j) = \begin{cases} d(x_i, c_j) & b_j \in N_k(x_i) \\ \infty & \text{otherwise} \end{cases} \quad (3-4)$$

其中，$d(x_i, c_j) = || x_i - c_j ||_2^2$，$N_k$ 表示 x_j 的 k 近邻。

4. 池化

池化是根据整个视频中所有特征提取的特征编码计算视频的特征向量。其中池化方法有和池化（Sum Pooling）、最大池化（Max Pooling）和平均池化（Average Pooling），其中和池化相当于累积所有特征编码，在样本数量保持一致的情况下，和池化和平均池化的含义一致，而最大池化相当于统计最显著的特征编码。在实际应用中，具体选择哪种池化方法，取决于所使用的特征编码方法。如在"硬分配编码"中一般使用和池化计算词条在视频中出现的频率作为特征向量。而"三角形分配编码"中可以用最大池化或平均池化。

3.1.3 实验结果

1. 实验设置

实验在 KTH、UCF Sports 和 HMDB51 三个数据集上验证 BoW 方法的有效性。本节在所有数据集上遵循 2.2 中的实验设置。特别的，HMDB51 数据集使用了非常粗糙的边界框，甚至没有边界框，以证明所提出的时空可控能量描述符在现实场景中的有效性。

在兴趣区域的选择上，这里选择 Dollar 等人[2] 提出的周期检测器从原始视频序列中检测时空兴趣点，并遵循[10] 评估工作中的参数设置。如文献[11] 中所述，出于计算效率的考虑，每个局部区域用定向梯度的三维直方图（HOG3D）[5] 描述，这里所选择的检测器和描述符在文献[10] 中显示了出色的性能。对于字典，是从训练集中随机选择 100000 个局部特征来学习码本和字典。在 BoW 模型中，码本是通过 VLFeat 工具箱[12] 中提供的 K-means 聚类算法创建的。

2. 中间结果分析

主要在三个数据集上分析码本大小对 BoW 模型性能的影响。在 KTH 数据集、UCF Sports 数据集和 HMDB51 数据集上的性能分析分别如图 3-2~ 图 3-4 所示。

对比三个图之间的差异可以发现，在不同数据集上，获取最佳性能的字典大小并没有一致性。如硬分配编码方式中，KTH 数据集上，当字典或码书大小为 4000 时可以获得最佳性能；而在 UCF Sports 数据集上，字典大小为 4000 时其性能最低。另外需要注意的一点是，对于不同的特征编码方法和池化方法的组合，在不同数据集上，其性能变化趋势也不尽相同。KTH 数据集上，LSC 方法可以获得比其他特征编码方式更好的性能，而在 UCF Sports 数据集上，三角形分配编码结合最大池化，在大部分字典大小变化下可以获得较好的性能，而当字典大小增长到 5000 时，软分配编码和最大池化的性能略高于三角形分配编码结合最大池化方法。而在 HMDB51 数据集上，LSC 方法和三角形分配编码结合最大池化方法在不同的码本大小时性能出现交替变化。此外，对比上述三个性能对比分析图可以发现，在三个数据集上，在采用相同的特征编码方式下，最大池化一般会得到比平均池化更好的性能。

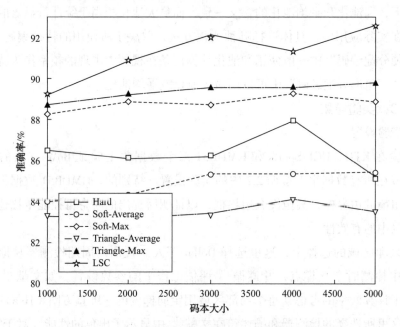

图 3-2　BoW 模型及其扩展在 KTH 数据集上的性能

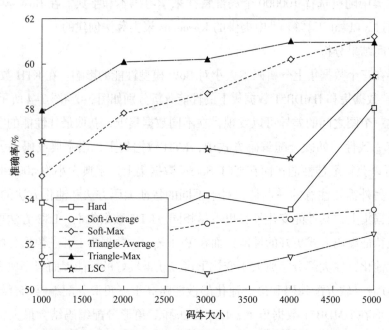

图 3-3　BoW 模型及其扩展在 UCF Sports 数据集上的性能

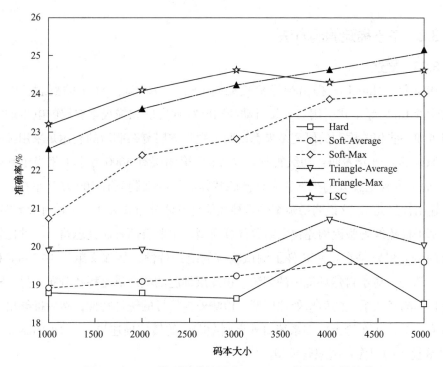

图 3-4　BoW 模型及其扩展在 HMDB51 数据集上的性能

3. 和其他方法实验结果对比

表 3-2 给出 BoW 几种不同的组合在三个数据集上的性能。表 3-2 中给出的性能是在不同的词典大小下，各种组合得到的最佳性能。从表 3-2 中可以看出，在 KTH 数据集上，LSC 方法可以得到最佳的性能，达到 92.5% 的识别率；在 UCF Sports 数据集上，软分配编码和最大池化结合，可以得到 61.2% 的识别率。而在 HMDB51 数据集上，三角形分配编码结合最大池化方法可以得到 25.1% 的识别性能。

表 3-2　BoW 方法在三个数据集上的性能

Methods	KTH	UCF Sports	HMDB51
BoW-Hard	87.9%	58.1%	20.0%
BoW-Soft-Average	85.4%	53.5%	19.6%
BoW-Soft-Max	89.2%	61.2%	24.0%
BoW-Triangle-Average	84.1%	52.5%	20.7%
BoW-Triangle-Max	89.8%	61.0%	25.1%
BoW-LSC	92.5%	59.4%	24.6%

3.2 基于稀疏编码方法

3.2.1 概述

1988 年，Mitchison 提出神经稀疏编码（Sparse Coding，SC）的概念，由牛津大学的 Rolls 等正式引用。灵长目动物颞叶视觉皮层和猫视觉皮层的电生理实验报告和一些相关模型的研究结果都说明了视觉皮层复杂刺激的表达是采用稀疏编码原则的。研究表明：初级视觉皮层 V1 区第四层有 5000 万个（相当于基函数），而负责视觉感知的视网膜和外侧膝状体的神经细胞只有 100 万个左右（理解为输出神经元），这说明稀疏编码是神经信息群体分布式表达的一种有效策略。

基于稀疏编码假说构建视觉编码计算模型，主要有两种研究思路。一种比较直接的研究思路是在自然条件下测试响应的统计特性，例如文献 [13] 中 Vinje 和 Gallant 认为，对于自然环境中的刺激，视皮层细胞的响应满足稀疏分布。另一种思路是推测感知系统的信息处理模型，检测外界信号的统计特性，然后推导出一个转换工具，从而给出感知系统对外界刺激响应的最佳描述 [14]，如 Olshausen 和 Field 等提出的图像稀疏编码模型。

稀疏理论最早由 Olshausen 与 Field 在 Nature 上发表论文提出 [15]，自然图像经过稀疏编码后得到的基函数类似于 V1 区简单细胞感受野的反映特性。这种稀疏编码模型提取的基函数首次成功地模拟了 V1 区简单细胞感受野的三个响应特性：空间域的局部性、时域和频域的方向性和选择性。考虑到基函数的超完备性，即基函数维数大于输出神经元的个数，Olshausen 和 Field 后来又提出了一种超完备基的稀疏编码算法 [16]，利用基函数和系数的概率密度模型成功地建模了 V1 区简单细胞感受野。Olshausen 与 Field 将稀疏编码解释为诸多生物传感信息系统信息处理的基本策略，并从自然图像中学习出与哺乳动物处理视觉皮层神经元具有类似特性的基函数。此后，该理论得到了长足发展，并逐步成为声音和图像信号处理、压缩感知等领域的研究热点。

3.2.2 基于稀疏编码的局部特征表示

这里介绍基本的稀疏编码 [17] 和带局部约束条件的线性编码方法 [18]。

1. 稀疏编码

把"稀疏性"用在编码中，是指编码后的结果只有很少的几个非零元素或只有很少的几个远大于零的元素。稀疏表示具有两个基本要求：一是尽可能与原特征相似，二是系数具有稀疏性。在稀疏编码（SC）中，局部特征由一组稀疏基向量的线性组合表示。编码系数是通过求解 l_1 范数正则化逼近问题得到的。假设 x_i 为局部描述符，$B=[b_1,\cdots,b_M]\in R^{D\times M}$ 为稀疏基或字典，则标准的稀疏编码优化公式如下：

$$\underset{B,C}{\operatorname{argmin}} \sum_i \| x_i - Bc_i \|^2 + \lambda \| c_i \|_{l_1} \qquad (3\text{--}5)$$

其中 c_i 为在基 B 上的稀疏编码。在稀疏编码中，为了保证稀疏性，要求 B 满足过完备性，即 $M > D$。根据线性代数的知识知道，没有任何约束条件的稀疏系数会有无穷多组的解。一种行之有效的方法是在所有的可行解中挑出非零元素最少的解，也就是满足稀疏性。这就是公式（3--5）中第二项的作用，即 l_1 范数正则化约束，要求稀疏编码的系数 c_i 满足稀疏性。

实际上，l_0 范数是指向量中非零的元素的个数。如果用 l_0 范数来规则化一个参数矩阵 W 的话，就是希望 W 的大部分元素都是零，实际这才是稀疏约束的最直观的表示。那为什么在稀疏表示中，用 l_1 范数去实现稀疏，而不是 l_0 范数呢？l_1 范数是指向量中各个元素绝对值之和，也称为"稀疏规则算子"（Lasso regularization）。在优化过程中，l_0 范数的优化是一个 NP 难问题。但任何的规则化算子，如果它的 l_0 范数不可微，但它可以分解为一个"求和"的形式，那么这个规则化算子 l_1 就可以实现稀疏。这也是在很多方法中，利用范数 l_1 正则化实现稀疏约束的原因。

公式（3--5）中的优化过程包括两个阶段：字典构建阶段和利用字典（稀疏的）表示样本阶段。前一个阶段是优化字典 B 的过程，这里字典即为传统稀疏编码中的过完备基；后一个阶段是优化稀疏编码 C 的过程。

1）字典学习

字典学习总是尝试学习蕴藏在样本背后最质朴的特征，这里采用在线字典学习方法[17]，其过程具体如下：

步骤 1：设置初始字典 B_0，λ 系数的值，以及迭代次数 T。设置中间变量 $A_0=0$，$E_0=0$。

步骤 2：对于 $t=1$ 到 T，做以下操作

步骤 2.1：任意选择一个样本 x_t，按照公式（3--5）优化计算其对应系数 c_t。

步骤 2.2：更新 A_t 和 E_t 如下：

$$A_t \leftarrow A_{t-1} + c_t c'_t \qquad\qquad E_t \leftarrow E_{t-1} + x_t c'_t$$

步骤 2.3：目前已知 $B=[b_1,\cdots,b_D]\in R^{D\times M}$，两个中间变量 $A=[a_1,\cdots,a_D]\in R^{M\times M}=\sum_{i=1}^t c_i c'_i$，$E=[e_1,\cdots,e_D]\in R^{D\times M}=\sum_{i=1}^t x_i c'_i$，对于 $j=1$

到 D，做以下操作：

步骤 2.3.1：$u_j = \dfrac{1}{A_{jj}}(e_j - B c_j) + b_j$

步骤 2.3.2：$b_j = \dfrac{1}{\max\ (\|u_j\|_2, 1)} u_j$

步骤 3：得到 B_T。

2）稀疏表示

在得到字典 B 后，对于一个样本 x_t，按照公式（3-5）优化计算其对应系数 c_t。稀疏表示具有一定的生理学含义。意大利罗马大学的 Fabio Babiloni 教授曾经做过一项实验，他们让新飞行员驾驶一架飞机并采集了他们驾驶状态下的脑电，同时又让老飞行员驾驶飞机并也采集了他们驾驶状态下的脑电。结论是熟练者的大脑可以调动尽可能少的脑区消耗、尽可能少的能量进行同样有效的计算，并且由于调动的脑区很少，大脑计算速度也会变快，这就是我们称熟练者为熟练者的原理所在。从所要理解的稀疏字典学习的角度上而言，就是大脑学会了知识的稀疏表示。因此稀疏表示的本质是用尽可能少的资源表示尽可能多的知识，这种表示还能带来一个附加的好处，即计算速度快。

2. 带局部约束的线性编码（Locality-constrained Linear Coding，LLC）

正如局部坐标编码（Local Coordinate Coding，LCC）[19] 所提出的，因为局部性必定导致稀疏性，因此局部性比稀疏性更重要。带局部约束的线性编码（LLC）采用了局部性约束，即描述符 x_i 尽量用其邻域内的基进行编码，而不再仅是公式（3-5）中的稀疏性约束。局部性约束可以确保相似的描述符将具有相似的编码。具体而言，LLC 采用如下优化标准：

$$\underset{B,C}{\arg\min} \sum_i \| x_i - Bc_i \|^2 + \lambda \| d_i \odot c_i \| \qquad s.t.\, I'\, c_i = 1,\ \forall\, i \qquad (3-6)$$

其中

$$\mathrm{dist}\,(x_i, B) = \left[\ \mathrm{dist}\,(x_i, b_1),\ \cdots,\ \mathrm{dist}\,(x_i, b_M)\right]^{\mathrm{T}}$$

$$d_i = \exp\left(\frac{\mathrm{dist}(x_i, B)}{\sigma}\right) \qquad (3-7)$$

$\mathrm{dist}(x_i, b_j)$ 为 x_i 和 b_j 之间的欧式距离，σ 为调节局部性的衰减速度的参数，$\odot$ 表示点乘操作。正常情况下，会对 d_i 做一个归一化。在公式（3-6）中 $I'c_i=1$ 条件实质是保证 LLC 编码保持平移不变性。需要注意的是，公式（3-6）的稀疏性保证并不是非零系数的稀疏性，而是保证很少的系数具有较为显著的数值。因此，在实际应用中，通过强制小于一定阈值的系数为零，来保证系数非零的稀疏性。

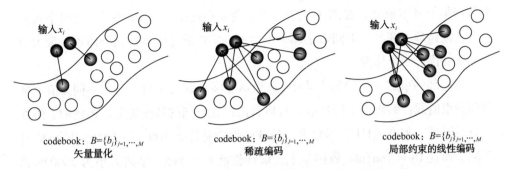

图 3-5　矢量量化、稀疏编码和局部约束线性编码之间的比较

图 3-5 给出了矢量量化、稀疏编码和局部约束线性编码之间的比较。在矢量量化中，每个描述符由码本中的单个基表示，如图 3-5 左图所示。由于量化误差较大，类似描述符的矢量量化编码可能会非常不同。此外，矢量量化过程忽略了不同基之间的关系。因此，需要非线性核投影来弥补这种信息损失。另外，如图 3-5 右图所示的带局部约束的线性编码中，每个描述符由多个基更准确地表示，LLC 代码通过共享基捕获相似描述符之间的相关性。与 LLC 类似，稀疏编码也通过使用多个基来实现更小的重建误差。然而，稀疏编码中 L_1 范数的正则化项不是光滑的。如图 3-5 中间图所示，由于码本（字典）的过度完备性，稀疏编码过程可能会为类似的局部特征选择完全不同的基来实现稀疏性，从而丢失编码之间的相关性。而带局部约束的线性编码中的局部性限制，将确保相似的描述符具有相似的编码。

3.2.3　实验结果

1. 实验设置

对于稀疏编码，这里使用开源优化工具箱 SPAMS（稀疏建模软件）。字典通过文献 [17] 中的算法学习，稀疏码通过正交匹配追踪（Orthogonal Matching Pursuit, OMP）[17] 学习。参数 λ 设置为 0.15。在 OMP 算法中，非零系数的数量为 10。对于带局部约束的线性编码，使用和已发布代码 [19] 相同的参数设置。

2. 中间结果分析

这部分实验主要在三个数据集上分析码本大小对稀疏编码模型性能的影响。在 KTH 数据集、UCF Sports 数据集和 HMDB51 数据集上的性能分析分别如图 3-6~ 图 3-8 所示。

从图 3-8 可以看出，稀疏编码结合最大池化和稀疏编码结合均值池化方法相比，最大池化更符合人体生物学机理，可以获取更好的性能。这一结论在其他两个数据集上基本成立，在图 3-9 中，当字典大小过小，如 1000 时，这时字典的过完备性体现不充分，但随着字典大小增加，字典的过完备性充分体现，最大池化方法的优势明显体现。

带局部约束的线性编码方法中，k 表示非零系数的个数。对比不同 k 值下带局部约束的线性编码的系统性能，可以看出，在不同的数据集上，最优的 k 值并没有一致性。如在 KTH 数据集上，最佳的性能是在 k=100、字典大小为 2000 时获取。而在 UCF YouTube 数据集上，最佳性能是在 k=5、字典大小为 2000 时获取。在 HMDB51 数据集上，最佳性能是在 k=100、字典大小为 3000 时获取。

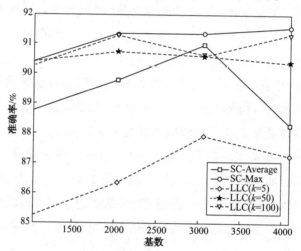

图 3-6　稀疏编码及其扩展在 KTH 数据集上的性能

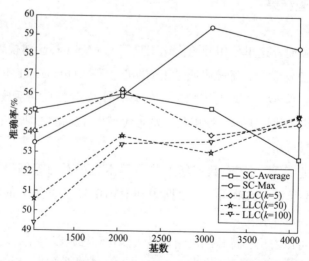

图 3-7　稀疏编码及其扩展在 UCF YouTube 数据集上的性能

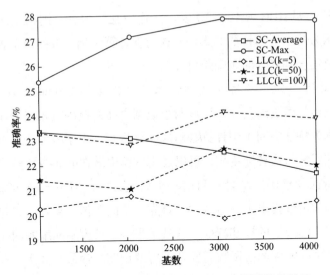

图 3-8　稀疏编码及其扩展在 HMDB51 数据集上的性能

对比稀疏编码和 LLC 编码性能，从图 3-6~ 图 3-8 可以看出，稀疏编码结合最大池化基本上在三个数据集上均可以获得最佳性能。这个结果说明稀疏编码对局部表示下的人体行为识别的有效性以及稀疏性约束的重要性。

3. 和其他方法实验结果对比

表 3-3 给出了稀疏表示方法在三个数据集上的性能最后性能对比。从表中可以看出，在三个数据集上，稀疏表示结合最大池化（SC-Max）获得最好的性能。其在 KTH 数据集上性能为 91.5%，在 UCF Sports 数据集上性能为 59.4%，在 HMDB51 数据集上，其性能为 27.9%。LLC 方法在 KTH 数据集上，可以获得和 SC-Max 相近的性能，而在其他两个数据集上，带局部约束的线性编码方法性能低于 SC-Max 方法，但高于稀疏表示 + 平均池化（SC-Average）方法。

表 3-3　稀疏表示方法在三个数据集上的性能

Methods	KTH	UCF Sports	HMDB51
SC-Average	91.0%	56.0%	23.3%
SC-Max	91.5%	59.4%	27.9%
SC-LLC	91.3%	56.2%	24.1%

3.3　基于匹配核方法

3.3.1　概述

计算机视觉的最新发展表明，局部特征可以提供鲁棒目标识别的有效表示。

如果用局部特征如 HOG 或 HOG3D 表示图像或视频内容，则两幅图像或两个视频则可以表示为两个局部特征的集合，这时在计算两幅图像或两个视频间的差异时，就会涉及集合到集合的匹配距离计算。

核方法最初作为一种将非线性引入支持向量机（Support Vector Machine，SVM）的"技巧"而受到关注，计算两个数据之间的核函数相当于在非线性映射空间（通常称为特征空间）中计算其对应的标量积。由于核方法具有更强的泛化性，通过用核匹配值代替标量积，可以发现数据中潜在的非线性模式。

将局部特征和核函数结合是目前一个研究方向，但由于局部特征表示的特点，其对核函数设计提出了一些挑战。首先，不同图像、视频中兴趣点的数目不同，因此具有不同数量的局部特征，这就带来一个长度不匹配的问题，即两幅图像或两个视频之间匹配的核函数需要处理可变长度的输入。其次，在没有明确对应关系的情况下，核函数应该可以度量两组无序的局部特征的相似性。此外，一般在图像或视频匹配中，会采用几种不同类型的局部特征，核函数需要将它们融合到一起。

具体地，核函数应该满足以下条件：

①核函数应满足 Mercer 条件；

②核函数的计算应在时间和空间上都有效；

③因为不同图像的兴趣点数量可能不同，核函数应能够处理长度可变的输入；

④核函数应反映两组局部特征向量之间的相似性。

多种核函数相继被提出。在文献 [20] 中，基于两个线性子空间之间的主角概念，提出了向量集的 Mercer 核。然而，正如文献 [21] 中所述，该核函数的识别性能较差。在文献 [22] 中，引入了 Bhattacharyya 核，其中一组向量表示为多元高斯函数。虽然可以证明 Bhattacharyya 核满足 Mercer 条件，但对该核函数的评估在局部特征的数量上是立方的。此外，在这样的环境中，好的匹配不一定能区分它们自己。在文献 [23] 中，提出了一种基于 Kullback-Leibler 散度的核。然而，正如作者所指出的，不清楚这样的核函数是否满足 Mercer 条件。

3.3.2 匹配核的局部特征表示

1. Mercer 定理

如果函数是 $R^n \times R^n \rightarrow R$ 上的映射，当且仅当对于各个样本点，经过映射后的值构成的矩阵是半正定的，则该函数是核函数。该条件被称为 Mercer 条件，满足 Mercer 条件的核函数为 Mercer 核函数。其对设计核函数至关重要，并具备如下性质：两个 Mercer 核函数的乘积也是 Mercer 核函数。因此，Mercer 核函数的任何阶的单项式都是 Mercer 核函数。

2. 匹配核方法

给定两个图像或视频的特征集合 F_a 和 F_b 为：$F_a = \{F_1^a, F_2^a, \cdots, F_{|F_a|}^a\}$，$F_b = \{F_1^b, F_2^b, \cdots, F_{|F_b|}^b\}$。由于 F_i^a 和 F_j^b 具有相同的维度，因此定义两个局部特征之间的核函数 $K_F(F_j^b, F_i^a)$ 相对简单。一个自然而言的思路，就是在核函数 K_F 基础上，定义两个集合的之间的核匹配函数。

一个简单的例子就是求和核函数，则两个特征集合上定义求和核函数为：

$$K_S(F_a, F_b) = \frac{1}{|F_a|} \frac{1}{|F_b|} \sum_{i=1}^{|F_a|} \sum_{j=2}^{|F_b|} K_F(F_i^a, F_j^b) \qquad (3-8)$$

根据 Mercer 核函数性质可知，如果 K_F 满足 Mercer 条件，求和核函数也满足 Mercer 条件。然而，由于局部特征之间的所有可能匹配都带有相等的偏差，尽管合理的匹配对数量远远超过不合理的匹配对，最后结果很容易被不合理的匹配对淹没，因此求和核函数的判别能力受到影响。

在文献 [24] 中，基于局部特征集合匹配的核函数提出如下：

$$K_M(F_a, F_b) = \frac{1}{2} \sum_{i=1}^{|F_a|} \max_{j=1,\cdots,|F_b|} K_F(F_i^a, F_j^b) + \frac{1}{2} \sum_{i=1}^{|F_b|} \max_{j=1,\cdots,|F_a|} K_F(F_j^b, F_i^a) \qquad (3-9)$$

因为 K_M 函数只考虑了集合中最佳匹配局部特征的相似性，因此它具有反映两组局部特征集合相似性的特性，但尽管在文献 [24] 中作者声称 K_M 函数是 Mercer 核函数，但实际上它不满足 Mercer 条件。由于 Mercer 条件对可靠识别至关重要，因此在实际应用中，仍然希望找到一个合理的 Mercer 核函数，解决局部特征集合之间的匹配关系，从而建立更可靠的识别系统。

如前所述，只有具有较大相似性度量的正确匹配的局部特征才能为识别提供有意义的判别信息。这表明，如果希望核函数能够度量两组局部特征集合之间的相似性，那么这种匹配对应该在 K_M 核函数评估中占主导地位。然而，在函数直接将最大相似性相加，这会导致其违反 Mercer 条件，因此不被广泛接受。文献 [25] 中提出一种兼顾 Mercer 条件和局部特征集合之间的相似性度量的核函数，具体表示如下：

$$K_F(F_a, F_b) = \frac{1}{|F_a|} \frac{1}{|F_b|} \sum_{i=1}^{|F_a|} \sum_{j=2}^{|F_b|} \left[K_F(F_i^a, F_j^b) \right]^p \qquad (3-10)$$

这里 $p \geqslant 1$。当 $p=1$ 时，前面公式（3-8）中的求和核函数是公式（3-10）的一个特例。与求和核函数类似，在 K_F 中考虑到了在局部特征集合中所有可能的匹配。通过参数 p，正确匹配的局部特征对 K_F 存在较大的影响，如果将公式（3-10）重新写为公式（3-11），这一点将更为明显：

$$K_F(F_a, F_b) = \frac{1}{2} \frac{1}{|F_a|} \sum_{i=1}^{|F_a|} \frac{1}{|F_b|} \sum_{j=2}^{|F_b|} \left[K_F(F_i^a, F_j^b) \right]^p + \frac{1}{2} \frac{1}{|F_b|} \sum_{i=1}^{|F_b|} \frac{1}{|F_a|} \sum_{j=2}^{|F_a|} \left[K_F(F_j^b, F_i^a) \right]^p$$

（3-11）

可以看出，p 值越大，最佳匹配对越占优势。当 p 接近无穷大时，除了最大值之外，所有的值在和中的占比都可以忽略不计。在公式（3-11）中，K_F 具有和 K_M 相似的形式，只是将 K_M 中的最大值操作用求和操作替换。

3.3.3 实验结果

对于匹配核方法，实验中采用线性核作为局部核，如公式（3-11）所示，并根据文献[25]将其参数 p 设置为9。并在构建 SVM 分类器时使用归一化核函数。

表 3-4 给出核匹配（Match Kernel）方法在三个数据集上的性能。可以看出，虽然核匹配方法在一定程度上可以解决局部特征集合匹配问题，但和前述的 BoW 方法以及稀疏编码相比，其性能有限。可以看出，核匹配方法需要和其他方法相结合，有助于提高系统性能。

表 3-4　核匹配（Match Kernel）方法在三个数据集上的性能

Methods	KTH	UCF Sports	HMDB51
Match Kernel	86.9%	54.5%	13.7%

3.4　朴素贝叶斯近邻方法及其扩展

3.4.1　概述

朴素贝叶斯是经典的机器学习算法之一，它是一种基于概率论的分类算法。朴素贝叶斯原理简单，常常适用于分类任务。朴素贝叶斯方法中的贝叶斯，指分类器是基于贝叶斯定理建立，其中的朴素指特征具有独立性条件。在图像或视频中，这种独立性假设的要求比较苛刻。但 Domingos 和 Pazzani[26] 证明了即使独立性假设不成立，朴素贝叶斯分类器在误分类率方面也表现良好，在对许多独立假设不成立的真实世界的数据集进行了广泛的评估，显示出与其他学习方法相媲美或优于其他学习方法的分类性能。

基于朴素贝叶斯理论，Boiman 等人[27]发现，BoW 模型通常将高维特征空间缩减为几千个"单词"，在这个量化过程中，BoW 模型大大降低了数据本身的辨别能力。与 BoW 方法不同，Boiman 等人[27]提出了一种新的非参数对象分类方法，称为朴素贝叶斯最近邻（Naive Bayes Nearest Neighbor，NBNN）的基于特征的最近邻算法，简称 NBNN。在该方法中，以原始形式保留所有特征描述符，不会带来由于量化引起的误差。

Boiman 将 NBNN 具有较好性能归因于两个方面原因：一是省略了矢量量化步骤；二是使用"图像到类"距离，而不是比较"图像到图像"的距离。前者避免了量化中的离散化带来的错误，后者能够在提供的图像标签之外实现良好的泛化。事实上，在评估测试图像时，NBNN 将来自不同示例图像的信息片段组合在一起，这一点对于标注数据量有限时尤为重要。然而，NBNN 框架也有其局限性。测试过程中所需的计算时间很长，尤其是在特征点非常密集的情况下。此外，该方法假设所有类在特征空间中的概率密度函数相似，因此所有类都使用相同宽度的窗函数估计概率密度函数。在实践中，这一假设并不能得到保证。此外，NBNN 的独立性假设也受到质疑，由于每个特征是单独处理的，因此忽略了特征之间的联系，以及在整体图像中的作用。对于豪华轿车上的每一个局部特征（如轮胎是汽车的主要部件），在其他豪华轿车和其他汽车上都可以找到非常相似的特征。因此，NBNN 可能很难区分豪华轿车和普通轿车。

文献[28]提出了朴素贝叶斯近邻核方法，即 NBNN kernel 方法，对 NBNN 分类器进行核化。通过这种方式，它可以集成到多核学习框架中。许多作者研究了核学习在对象分类中的应用[29]。然而，这些工作主要集中在组合不同的特征，如灰度和颜色特征，以及不同程度的不变性等。而 NBNN kernel 方法主要是从图像到类距离建立核函数，实现另一种意义上的互补性。

文献[30]提出了局部朴素贝叶斯近邻方法。根据实验结果观察发现，兴趣点描述符的局部邻域包含的类别对最后的后验概率估计贡献显著。不同于 NBNN 中对每个类别的描述符独立搜索最近邻的做法，在局部朴素贝叶斯近邻方法中，只考虑近邻中出现的类别。由于忽略了对距离较远的类搜索，该方法在体现高分类精度的同时，节省了运行时间。

下面分别介绍这几种方法。

3.4.2　朴素贝叶斯最近邻方法

朴素贝叶斯最近邻（Naive Bayes Nearest Neighbor，NBNN）是最优映射

朴素贝叶斯分类器的近似。给定图像或视频 Q，它可以用一组局部特征集合 $x_1, \cdots, x_N$ 表示。当先验类别分布 $p(c)$ 保持均匀分布时，最大后验概率分类器（MAP）退化成为最大似然（ML）分类器：

$$\widehat{c} = \underset{c}{\mathrm{argmax}} \, p(c|Q) = \underset{c}{\mathrm{argmax}} \, p(Q|c) \tag{3-12}$$

根据朴素贝叶斯的假设，即对于给定的类别 c，$x_1, \cdots, x_N$ 是独立同分布，则可以得到下式：

$$p(Q|c) = p(x_1, \ldots, x_N|c) = \prod_{i=1}^{N} p(x_i|c) \tag{3-13}$$

$p(x_i|c)$ 可以用 Parzen 函数密度估计，当 Parzen 函数仅为所有类保留最近邻和相同的函数带宽时，则分类器采用以下简单形式：

$$\bar{c} = \underset{c}{\mathrm{argmax}} \sum_{x \in X} \|x - NN^c(x)\|^2 \tag{3-14}$$

这里 NN^c 是类别 c 中的 x 的近邻。

具体的 NBNN 算法如下：

步骤1：已知图像 Q 中的局部特征 x_i，总体类别数 C。

步骤2：对所有的局部特征 $x_i, i=1, \cdots, N$，执行以下操作：

步骤2.1：对所有的类别 $c=1, \cdots, C$，执行以下操作：

步骤2.1.1：$S(c) \leftarrow S(c) + \|x_i - NN^c(x_i)\|^2$

步骤3：最后类别为 $\bar{c} = \underset{c}{\mathrm{argmin}} \, S(c)$。

3.4.3 朴素贝叶斯最近邻核方法

参考文献[28]中介绍了 NBNN 的核方法，这是对 BoW 模型的补充。NBNN 核方法基于归一化求和核函数[25]，其公式如下：

$$K(X,Y) = \sum_{c \in C} K^c(X,Y) = \frac{1}{|X|} \frac{1}{|Y|} \sum_{c \in C} \sum_{x \in X} \sum_{y \in Y} k^c(x,y) \tag{3-15}$$

其中 $k^c(x,y)$ 表示局部描述符 x 和 y 对应的核函数，在 NBNN 核中定义如下：

$$k^c(x,y) = \phi^c(x)' \phi^c(y) = f^c(d_x^1, \cdots, d_x^{|C|})' f^c(d_y^1, \cdots, d_y^{|C|}) \tag{3-16}$$

在文献[28]中考虑两个距离函数如下：

$$f_1^c(d_x^1, \cdots, d_x^{|C|}) = d_x^c \tag{3-17}$$

$$f_2^c(d_x^1, \cdots, d_x^{|C|}) = d_x^c - d_x^{\widehat{c}} \tag{3-18}$$

d_x^c 表示局部描述符 x 到类别 c 中和 x 最近邻的描述符之间的距离。$d_x^{\bar{c}}$ 表示除了类别 c 之外，局部描述符 x 到其他类别的描述符的最近的距离。换而言之，NBNN kernel 方法不直接比较局部描述符 x 和局部描述符 y 的距离，而是比较从各类的参考图像中提取的局部描述与 x 的最近邻域的距离。尽管在特征空间中 x 和 y 距离可能较远，如果 x 和 y 对不同类别的距离相近（即对同一个类别或者距离都近，或者距离都远），那这里也认为 x 和 y 相似。

公式（3-15）的具体实现过程如下所示：

步骤 1：已知图像 Q 中的局部特征 x_i，图像 P 中的局部特征 y_i，总体类别数 C。

步骤 2：对所有的局部特征 x_i，$i=1,\cdots,N$，所有类别 c，$c=1,\cdots,C$ 计算：

$$NN^c(x_i)$$

步骤 3：对所有的类别 $c=1,\cdots,C$，执行以下操作：

$$\phi^c(X) = \sum_{x \in X} f(d_x^1, \cdots, d_x^{|C|})$$

步骤 4：构建向量 $\phi(X) = [\phi^1(X) \cdots \phi^{|C|}(X)]'$。

步骤 5：对图像 P 中的局部特征，重复步骤 2~ 步骤 4。

步骤 6：$K(X,Y) = \phi(X)'\phi(Y)$。

在步骤 3 中，如果采用公式（3-17）的距离公式，$\phi^c(X)$ 则对应所有局部描述符的最近邻的平均距离。如果采用公式（3-18）的距离公式，即减去不属于类别 c 的最近邻距离，则相当于在公式（3-12）中用似然比代替似然度，其会增强系统性能。一旦计算出 NBNN kernel $K(X,Y)$，将其结合到支持向量机分类器中，作为支持向量机的外接核函数，则可以优化分类结果。

3.4.4　局部朴素贝叶斯最近邻方法

McCann 和 Lowe[30] 提出了 NBNN 的改进版本，称为局部朴素贝叶斯最近邻（Local Naive Bayes Nearest Neighbor，LNBNN），它可以提高分类精度，并更好地扩展到类别数较大的数据集上。局部 NBNN 的提出源于这样一个事实：只有在描述符的局部邻域中出现的类别，对最后的后验概率估计有显著且可靠的贡献。基于此，局部 NBNN 不需要在每个类中都查找最近邻，而是在其 k 个最近邻中出现的类别中计算距离。

图 3-9 给出了 NBNN 和局部 NBNN 的对比。左图表示 NBNN 从每个类（对应图中的不同形状）中查找最近的邻居。局部 NBNN 仅搜索局部邻域，仅从某些类中查找最近的邻域。阴影描述符是真正用于计算距离的描述符。

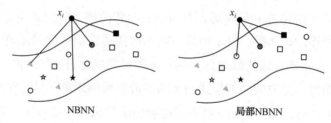

图 3-9　NBNN 和局部 NBNN 的对比

局部 NBNN 具体算法如下：

步骤 1：确定 k– 近邻中参数 k 的数值。待分类图像 Q 中的局部特征。

步骤 2：对所有的局部特征 x_i，$i=1,\cdots,N$，做以下操作：

步骤 2.1：寻找 $k+1$ 个近邻，赋值给 $\{p_1,p_2,\cdots,p_{k+1}\}$，即：

$$\{p_1,p_2,\cdots,p_{k+1}\} \leftarrow NN(x_i,h+1)$$

步骤 2.2：计算距离 $\mathrm{dist}_B \leftarrow \|x_i-p_{k+1}\|^2$。

步骤 2.3：对在 k 近邻中出现的所有类别 C，做以下操作：

步骤 2.3.1：计算在 k 近邻中出现类别 C 中所有近邻点的最小距离，作为该局部描述符 x_i 到该类别的距离，即：

$$\mathrm{dist}_C = \min_{\{p_j|\,\mathrm{label}(p_j)\,=C\}} \|x_i-p_j\|^2$$

步骤 2.3.2：计算下式：

$$\mathrm{totals}[C] \leftarrow \mathrm{totals}[C] + \mathrm{dist}_C - \mathrm{dist}_B$$

步骤 3：返回图像 Q 的类别标签为 $\mathrm{argmin}_C\,\mathrm{totals}[C]$。

将没有出现在 k 近邻中的类别统称为背景类别，为了妥善处理背景类别，在计算 k 近邻时，也计算出 $k+1$ 近邻，将其作为背景类距离的计算依据，因此在上述算法步骤 2.2 中，对 x_i 和 $k+1$ 近邻的距离背景差异，在步骤 2.3.2 中将这种差异的影响消除。

3.4.5　实验结果

1. 实验设置

由于 NBNN 是非参数的，因此无需调整参数。关于 NBNN 核，实验中采用距离函数 $f_2^c(d_x^1,\cdots,d_x^{|C|})$。

2. 实验结果分析

表 3-5 给出了 NBNN 及其改进方法在三个数据集上的性能对比。从表中可以看出，三种方法在三个数据集上的性能并不一致。局部 NBNN（Local NBNN）

方法在 KTH 数据集上性能最好，能达到 94.1% 的性能；而在 UCF Sports 数据集和 HMDB51 数据集上的性能略差于 NBNN Kernel 方法。而 NBNN Kernel 方法在 UCF Sports 数据集和 HMDB51 数据集上性能较其他两种方法更好。在背景简单的 KTH 数据集上，其性能反而没有其他两种方法好。这可能是由于在计算距离函数中，由于考虑到其他类的干扰，公式（3–18）中 $\hat{d_x^c}$ 在没有背景干扰情况下反而带来新的误差，从而降低了识别性能。标准的 NBNN 方法，其不包含模型参数，整个分类过程单纯依赖与各个类别中的局部描述符，因此其性能受到限制。并且随着数据集的复杂度以及背景干扰度的增加，这种局限性体现得越来越明显，这导致其在最复杂的数据集 HMDB51 上的性能仅仅达到 19.8%。

表 3–5　NBNN 及其改进方法性能对比

Methods	KTH	UCF Sports	HMDB51
NBNN	93.9%	57.8%	19.8%
NBNN Kernel	89.2%	62.4%	23.7%
Local NBNN	94.1%	60.1%	21.2%

需要注意的是，在三种方法中，仅仅 NBNN Kernel 需要结合支持向量机构造分类器，而其他两种方法均是在已知训练数据的各个类别的局部特征描述符的基础上，获得最后分类结果。因此对比于复杂的数据集，NBNN Kernel 可以得到优于其他两种方法的系统性能。

此外，实验中还评估了局部朴素贝叶斯最近邻方法中，具有不同邻域数 k 的局部 NBNN 分类器的性能。但是，在我们的实验中，当 k 在 5 到 30 之间时，对性能影响很小。因此表 3–5 中给出了 k 在 5 到 30 之间的最好结果，没有额外给出细致的 k 的影响分析。

3.5　基于图像到类距离的判别嵌入

3.5.1　概述

局部特征在视觉识别中起着关键作用，例如图像分类和动作识别，局部特征取得了巨大成功。然而由于存在类内方差大、局部特征噪声大等问题，基于局部特征的分类仍然是一项具有挑战性的任务。广泛使用的局部特征描述符，包括 SIFT[31]、HOG3D[32] 和 HOG/HOF[33] 已经在图像和视频领域显示了它们的有效性。但这些方法也存在缺陷。一方面，由于背景的变化和干扰，来自背景的局部特征易被检测为与运动相关的特征，从而导致对人体行为的识别性较差。另一方面，不同的行为动作可能存在相似的局部特征，这也将降低局部特征表示的可区分性。而局部特征的判别能力将极大地影响后续特征表示以及分类性能。此外，当前的局部特征描述符，如 HOG3D、Cuboid 和 HOG/HOF，其特征表示的维度从数百甚至数千维变化，当局部特征的数量巨大时，在计算上的开销昂贵，甚至在某些大规模的数据集上是不可操作的。

事实上，即使是属于同一类别的图像，也会包含相当大比例的不同局部特征，这加大了类内方差，并使得直接比较图像中的局部特征对于分类而言不是最优的。图 3-10 说明了 SURF 方法 [34] 在属于同一车辆类别的两张图像之间找到的匹配点都是错误的。这里需要说明的是，图示的匹配点之间的距离小于某个阈值点。

图 3-10   同一类别的两幅图像的 SURF 匹配示例

3.5.2   图像到类距离

图像到类（Image to Class，I2C）距离最先在朴素贝叶斯最近邻（NBNN）分类器中首次引入。假设一幅图像中的局部描述符 $x_1, \cdots, x_i, \cdots, x_N$ 是独立同分布，则可以用 $p(x_1, \cdots, x_i, \cdots, x_N | C)$ 表示图像和类别 C 的距离，在独立同分布假设下，可以得到如下公式：

$$p(x_1, \cdots, x_i, \cdots, x_N | C) = \prod_{i=1}^{N} p(x_i | C) \qquad (3-19)$$

$p(x_i | C)$ 可以用非参数的 Parzen 密度分布来估计。

令 $x_1^c, \cdots, x_L^c$ 为类别 C 中的所有描述符，则 Parzen 密度分布表示如下：

$$\hat{p}(x | C) = \frac{1}{L} \sum_{j=1}^{L} K(x - x_j^c) \qquad (3-20)$$

$K(\cdot)$ 是 Parzen 核函数，可以采用高斯核函数，如 $K(x - x_j^C) = \exp(\frac{-1}{2\sigma^2} \|x - x_j^C\|^2)$，随着 L 趋近于无穷，σ 随着减少，这时 $\hat{p}(x | C)$ 收敛于实际的分布 $p(x | C)$。

在公式（3-20）中的求和操作中，可以用类别 C 对应的描述符 $x_1^c, \cdots, x_L^c$ 中对于

描述符 x，r 个起最大作用的元素，即 r 个最近邻，则公式（3-20）可以写为：

$$p_{NN}(x|C) = \frac{1}{L}\sum_{j=1}^{r}K(x - x_{NN_j}^C) \qquad （3-21）$$

$x_{NN_j}^C$ 表示第 j 个近邻。当只考虑类别 C 中的最近邻时，即 r 为 1，且忽略高斯核中的方差作用，可以定义图像 Q 到类别 C 的距离为：

$$\log p(Q|C) \propto -\sum_{i=1}^{N} \| x_i - NN_c(x_i) \|^2 \qquad （3-22）$$

其中，$NN_c(x_i)$ 表示 x_i 在类别 C 中所有的描述符中的最近邻。

3.5.3　基于 I2C 距离的判别嵌入

1. 基于 I2C 距离的判别嵌入（I2C Distance-based Discriminative Embedding，I2CDDE）

局部特征描述符基于局部 patch 生成。图 3-11 表示来自不同图像 / 视频类别的局部 patch 的图示。来自不同类别图像 / 视频的局部斑块"眼睛"可以相似，并且在特征分布上彼此接近，而局部 patch 如"眼睛""鼻子"和"耳朵"，即使它们来自相同的图像 / 视频类别，但彼此也不同。也就是说，某些在视觉上相似的局部特征，可能来自不同类别的图像 / 视频。

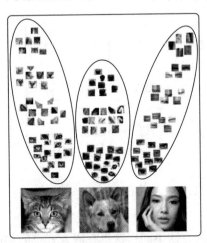

图 3-11　来自不同图像 / 视频类别的局部 patch 的图示

这里提出了一种结合 I2C 距离的新的降维方法。I2C 距离的使用有两个好处：一方面，将一幅图像 / 视频中所有局部特征整体考虑，则类标签可以直接用于监督学习，这将增加局部特征的识别能力。另一方面，本方法提供一个直观有效的途径将局部特征降维与分类相结合，提高分类性能。

本方法中，旨在寻找一个映射函数，将特征空间映射到低维空间中，根据I2C 距离对齐每个图像的局部特征，实现最小化到其自身类别的 I2C 距离，并最大化到其他类别的 I2C 距离。

假设有一图像集合 $\{X_i\}$，每一幅图像 / 视频的局部描述符表示为 $\{x_{i1}, \cdots, x_{ij}, \cdots, x_{im_i}\}$，这里 m_i 为图像 X_i 中局部描述符的个数。按照公式（3–22），图像 X_i 到类别 c 的 I2C 距离为：

$$D_{X_i}^c = \sum_{j=1}^{m_i} \| x_{ij} - x_{ij}^c \|^2 \qquad (3-23)$$

x_{ij}^c 表示类别 c 中和 x_{ij} 的最近邻。

假设在局部描述符上存在一个线性映射 w，则 I2C 的距离表示为：

$$\widehat{D}_{X_i}^c = \sum_{j=1}^{m_i} \| w' x_{ij} - w' x_{ij}^c \|^2$$
$$= \sum_{j=1}^{m_i} (w' x_{ij} - w' x_{ij}^c)' (w' x_{ij} - w' x_{ij}^c)$$
$$= \sum_{j=1}^{m_i} (x_{ij} - x_{ij}^c)' (ww') (x_{ij} - x_{ij}^c) \qquad (3-24)$$

引入辅助矩阵 ΔX_{ic} 表示如下：

$$\Delta X_{ic} = \begin{pmatrix} (x_{i1} - x_{i1}^c)' \\ \cdots \\ (x_{ij} - x_{ij}^c)' \\ \cdots \\ (x_{im_i} - x_{im_i}^c)' \end{pmatrix} \qquad (3-25)$$

则 $\widehat{D}_{X_i}^c$ 可以表示为：

$$\widehat{D}_{X_i}^c = w' \Delta X'_{ic} \Delta X_{ic} w \qquad (3-26)$$

与文献 [35，36] 中的方法不同，这里在嵌入式空间中的目标是最小化从图像到它们所属的类的 I2C 距离，同时最大化到它们不属于的类的 I2C 距离。则目标函数的形式如下：

$$w^* = \mathrm{argmax}_w \frac{\sum_{n=1}^{N_i} \sum_i w' \Delta X'_{in} \Delta X_{in} w}{\sum_i w' \Delta X'_{iP} \Delta X_{iP} w} = \mathrm{argmax}_w \frac{w' \left(\sum_{n=1}^{N_i} \sum_i \Delta X'_{in} \Delta X_{in} \right) w}{w' \left(\sum_i \Delta X'_{iP} \Delta X_{iP} \right) w} \qquad (3-27)$$

ΔX_{ip} 表示 X_i 所属类别（正类别）的辅助矩阵，ΔX_{in} 是 X_i 不所属的类别（负类别）的辅助矩阵。这里正类别只有一个，而负类别个数不止一个，这里为 N_i 个。

对公式（3-27）进行优化，则可以得到优化的 w^*，在优化的 w^* 中可以使映射后的局部描述符类内距离变小，而类间距离增加。公式（3-27）可以继续表示如下：

$$w^* = \mathrm{argmax}_w \frac{w' \, C_N w}{w' \, C_P w} \qquad (3-28)$$

这里

$$C_N = \sum_{n=1}^{N_i} \sum_i \Delta X_{in}^T \Delta X_{in} \qquad (3-29)$$

$$C_P = \sum_i \Delta X_{iP}^T \Delta X_{iP} \qquad (3-30)$$

可以看出，对公式（3-28）的最大化，就是解决广义本征分解问题，具体如下：

$$C_N w = \lambda C_P w \qquad (3-31)$$

则嵌入的优化映射由特征值 λ 中 k 个最大值对应的 k 个特征向量组成。整个嵌入过程如图 3-12 所示。

图 3-12 给出基于 I2C 距离的判别嵌入方法示意图，其中图像 / 视频类由椭圆表示，其中矩形表示图像 / 视频的局部 patch。红色条的长度表示局部特征的维度。下面的颜色栏表示 I2C 距离。D_X^c 是从图像 X 到类别 c 的 I2C 距离。$\hat{D}_X^c$ 是嵌入空间中对应的 I2C 距离。

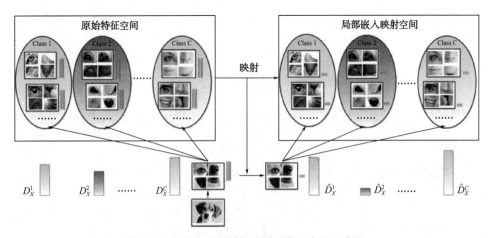

图 3-12　基于 I2C 距离的判别嵌入方法示意图

基于 I2C 距离的判别嵌入方法的具体过程如下：

步骤 1：计算训练集中每一个图像 / 视频 X_i 中的局部描述符 $\{x_{ij}\}$。

步骤 2：找到 $\{x_{ij}\}$ 的正类别和负类别的最近邻局部描述符。

步骤 3：对于图像 / 视频 X_i，计算辅助矩阵 ΔX_{in} 和 ΔX_{iP}。

步骤 4：计算正向方差矩阵 C_P 和负向方差矩阵 C_N。

步骤 5：计算公式（3-28）的扩展特征向量分解方法。

2. I2CDDE 和线性判别嵌入方法的关系

1）线性判别嵌入方法（Linear Discriminant Embedding，IDE）

局部特征描述符的降维得到了广泛的应用，特别是在特征匹配方面。线性判别嵌入（Linear Discriminant Embedding，LDE）是一种用于图像 / 视频匹配的非参数降维技术。

其目标函数可以定义为：

$$J_1(w) = \frac{\sum_{l_{ij}=0} (x_i - x_j)^2}{\sum_{l_{ij}=1} (x_i - x_j)^2} \tag{3-32}$$

当 patch i 和 patch j 构成一个匹配对，l_{ij} 为 1，否则为 0。公式（3-32）表示匹配对和非匹配对之间的方差比，通过将公式（3-32）最大化，可以得到映射 w：

$$w^* = \mathrm{argmax}_w \, J_1(w) \tag{3-33}$$

公式（3-32）可以重写如下：

$$J_1(w) = \frac{w'Aw}{w'Bw} \tag{3-34}$$

这里

$$A = \sum_{l_{ij}=0} (x_i - x_j)^2 \tag{3-35}$$

$$B = \sum_{l_{ij}=1} (x_i - x_j)^2 \tag{3-36}$$

公式（3-34）的解是与广义本征分解的最大本征值相关的本征向量，具体如下：

$$Aw = \lambda Bw \tag{3-37}$$

在原文工作中，还考虑了另一种目标函数如下：

$$J_2(w) = \frac{\sum_{l_{ij}=1} (w' x_i)^2}{\sum_{l_{ij}=1} (w' x_i - w' x_j)^2} \tag{3-38}$$

2）I2CDDE 和 IDE 方法的关系

因为两者都解决了局部特征的降维问题，I2CDDE 方法与 LDE 方法密切相关[35, 36]。在 LDE 中，目标函数是最大化不同匹配点的方差与相同匹配点的方差之比。不同的应用对应的匹配和不匹配的特征不同。例如，在图像 / 视频 / 物体分类中，匹配的特征指视觉上物体相似的或者同一个物体类别的点。I2CDDE 和 LDE 之间的主要区别在于协方差矩阵的获取，在 LDE 中，矩阵基于成对描述符差异，而 I2CDDE 使用 I2C 距离。具体差异表现如下：

（1）LDE 处理的是局部特征之间的关系，而不是图像 / 视频之间的关系，这不能保证局部特征对分类的判别能力。在 LDE 中，训练阶段需要真实的匹配 / 非匹配对，但在实际动作识别操作中很难获得这些训练对。在 I2CDDE 中，不需要训练对，这使得分类更加灵活。

（2）I2CDDE 将每个图像 / 视频的局部特征视为一个整体，并处理图像 / 视频和类之间的关系。通过区分 I2C 到同一类和不同类的距离，I2CDDE 使局部特征在图像 / 视频级别上具有全局区分性，更有利于分类任务。

3. I2CDDE 和 I2CDML 方法关系

1）I2C 距离矩阵学习方法（Image-to-Class Distance Metric Learning，I2CDML）

在图像到类距离度量学习算法[37]中，等式（3-23）中的平方欧几里得距离被替换为待学习的参数马氏距离。I2C 距离变为：

$$D_{X_i}^c = \sum_{j=1}^{m_i} (x_{ij} - x_{ij}^c)' M_c (x_{ij} - x_{ij}^c) \tag{3-39}$$

在文献 [37] 中，M_c 是待学习的参数矩阵。

如文献 [38] 所示，马氏距离度量学习可被视为学习数据间存在的线性变换，并在线性变换后的变换空间中的欧氏距离平方作为测度。这可以通过将公式（3-39）中的距离矩阵 M_c 分解为：$M_c = GG'$ 来表示，其中 G 是要学习的线性变换。这样公式（3-39）变为：

$$D_{X_i}^c = \sum_{j=1}^{m_i} (x_{ij} - x_{ij}^c)' G G' (x_{ij} - x_{ij}^c) \tag{3-40}$$

2）I2CDDE 和 I2CDML 方法的关系

可以看出，在线性变换方面，公式（3-40）等价于公式（3-24），但两种方法 I2CDDE 和 I2CDML 的具体区别如下：

（1）I2CDML 在目标函数中采用了 SVM 框架，该框架通过梯度下降算法进行求解，而 I2CDDE 则表示为特征向量分解问题。

（2）在 I2CDML 中，为所有类别学习多个距离度量，导致高维空间中的高计算成本，而 I2CDDE 学习统一的线性投影，这在不损害判别能力的情况下减轻了计算负担。

4. 计算复杂度

基于 I2C 的方法的一个最大缺陷是最近邻搜索带来的沉重计算负担，尤其是当局部特征是高维时，这个计算非常昂贵。I2CDDE 可以大大降低计算量，同时甚至提高局部特征的识别能力。在测试阶段，原始空间中的计算复杂度为 O（NMD^2），其中 N 是来自测试样本的局部特征数，M 是训练集中局部特征的总数，D 是原始空间中局部特征的维数。嵌入映射后，计算复杂度降低到 O（NMd^2），其中 d（$d \ll D$）是嵌入空间中局部特征的维数。以人体行为识别中的局部描述符为例，当使用 HOG3D 描述符时，原始空间的维数为1000，而嵌入空间的维数仅为数 10。映射后空间的计算复杂度是原始空间的 $d^2/D^2 = 10^2/1000^2 = 1/10000$。

3.5.4 实验结果

1. 实验设置

人体行为识别数据集，包括基准 KTH 数据集、真实 UCF Sports 和 HMDB51 数据集上对 I2CDDE 进行了全面评估。并比较了 I2CDDE 与 PCA 和 LDA 的性能，并展示了基于 I2C 的 NBNN、局部 NBNN 和 NBNN 核方法的性能改进。对于人体行为识别，实验中使用 Dollar 的周期检测器[39]来检测时空兴趣点（Spatio-Temporal Interest Points，STIP），并使用具有 1000 维的三维方向梯度直方图（HOG3D）[32]来描述检测到的时空兴趣点。

2. 中间结果分析

图 3-13 给出了不同维度下 I2CDDE 和不同方法结合下 KTH 数据集上性能对比。

在 KTH 数据集上，从图 3-13 中可以看出，通过 I2CDDE 降维后的空间维度不同，其性能变化也不相同。在维度为 80 的时候，NBNN、局部 NBNN 和 NBNN 核方法的基本获得最佳的性能。其中 NBNN 核方法的改进最为显著，从 89.2% 提高到 92.5% 以上。对于 NBNN 和局部 NBNN，其性能也有提升，提升的结果不到 1%。

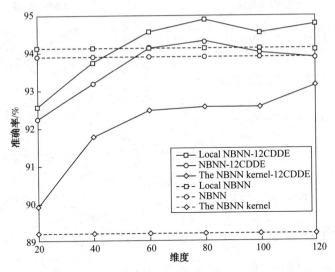

图 3-13　不同维度下 I2CDDE 和不同方法结合下在 KTH 数据集上性能对比

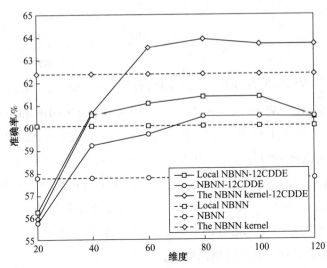

图 3-14　不同维度下 I2CDDE 和不同方法结合下在 UCF YouTube 数据集上性能对比

　　在 UCF Sports 数据集上，不同维度下的性能结果如图 3-14 所示。可以看到，经过 I2CDDE 降维后的空间维度较小时，如图 3-14 中维度为 20 到 40 之间时，其性能有所下降。这是由于维度过低造成的信息损失过大引起。但当维度超过 40 时，I2CDDE 降维后的系统性能有所提升。类似于 KTH 数据集，NBNN 核方法的性能提升最明显，并且在维度为 80 时达到最佳系统。而对于 NBNN 和局部 NBNN，其性能提升程度高于 KTH 数据集上的性能提升。

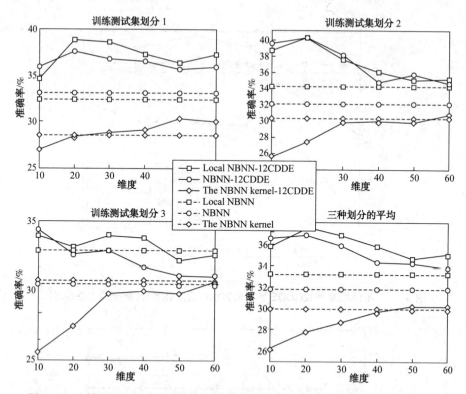

图 3-15　不同维度下 I2CDDE 和不同方法结合下在 HMDB51 数据集上性能对比

在 HMDB51 数据集上，图 3-15 给出不同维度下 I2CDDE 和不同方法结合下在 HMDB51 数据集上性能对比，图 3-15 中四个子图对应 HMDB51 中四种不同的训练集/测试集的划分方法。从四个子图可以看出，在 I2CDDE 降维后的空间上，和 KTH 数据集以及 UCF YouTube 数据集上的性能相比，NBNN 核方法的改进性能不明显。相反，NBNN、局部 NBNN 的性能增加较大。在四种不同的训练集/测试集的划分中，最佳的维度并没有呈现出一致性。这说明所提出的 I2CDDE 降维方法具有一定的数据依赖性。

在下面和其他方法实验结果对比中，均列出最佳维度下的实验结果。

3. 和其他方法实验结果对比

表 3-6 给出了 I2CDDE 与 PCA、LDA 的性能比较，其中 Original 表示原始的没有降维的空间。在三个数据集以及 NBNN、局部 NBNN 和 NBNN 核方法中，I2CDDE 显著优于 PCA 和 LDA。由于主成分分析是无监督的，没有使用标签信息，因此降维后的空间的区分性较差。但和没有降维前对比，大多数情况下，PCA 会增强系统性能。而 LDA 通过使用局部特征所属图像的标签标记局部特征

来区别性地学习降维方法，但是这也可能会误导分类器，这也是对于 NBNN 核
方法，LDA 无法为所有三个数据集生成合理的结果，性能急速下降的原因。在
其他数据集上，LDA 的性能也不是很稳定，大部分的结果和未降维之前相比均
有所下降。而本节所提出的 I2CDDE 方法，无论是对比降维前后，或者对比 PCA
和 LDA 方法，均可以得到较好的性能提升。在 I2CDDE 降维后的空间中，局部
NBNN 在 KTH 数据集和 HMDB51 数据集上的性能最佳，在 UCF Sports 数据集上，
NBNN 核方法性能最佳。

表 3-6　I2CDDE 与 PCA、LDA 的比较

		KTH	HMDB51	UCF
NBNN	I2CDDE	94.3	36.8	60.6
	PCA	92.6	33.5	58.3
	LDA	82.9	31.6	55.6
	Original	89.2	31.8	57.8
LNBNN	I2CDDE	94.8	37.4	61.4
	PCA	92.7	34.4	60.7
	LDA	83.3	31.4	54.2
	Original	94.1	33.1	60.1
NBNN Kernel	I2CDDE	93.1	30.2	63.4
	PCA	89.9	27.9	62.1
	LDA	18.3	13.1	41.6
	Original	89.2	29.8	62.4

3.6　局部高斯嵌入

3.6.1　概述

　　NBNN 在图像 / 视频 / 场景分类和人体行为识别方面令人难以置信的性能主
要是由于以下两个原因：（1）取消了矢量量化，这可以在很大程度上保持局部特
征描述符的有效性。（2）使用图像到类的距离，而不是直接计算图像到图像的距
离，这在很大程度上可以解决类内变化。

　　然而，NBNN 框架也有其局限性。（1）NBNN 分类器用到最近邻搜索，特
别是当使用局部特征的密集采样时，测试中的计算负担非常高。该方法测试时
间长，限制了其实际应用。此外，当局部特征是高维的时，它甚至是一个 NP 问
题。（2）在图像到类的距离计算中，由于所有类的特征空间中都假设了相似的密

度函数，因此所有类都使用相同的带宽的核函数近似。然而在实践中，常违背这一假设，导致对一个或几个类的强烈偏见。

如上所述，原始 NBNN 的假设过于严格，大大降低了其泛化能力。Behmo 等人[3]观察到，NBNN 在某些数据集上表现相对较好，但在其他数据集上表现不好。他们还表明，NBNN 的这种性能可变性可能源于这样一种假设，即特征条件密度的核估计中涉及的归一化因子与类别无关。Behmo 等人[3]通过放松假设条件，在原始 NBNN 中加入了一个学习阶段来选择参数。文献[37]也对 NBNN 两点局限性进行了研究，在训练样本上引入了一个学习阶段来调整参数。在本节中，尝试通过局部高斯嵌入的降维算法来解决这些问题。

上一节中提出了一种基于图像到类距离的降维算法 I2CDDE，该算法也在 NBNN 框架下，因此仍然受到 NBNN 假设的限制。这一节中，超越 NBNN 框架，通过局部高斯嵌入（Locally Gaussian Embedding，LGE）的区分性降维算法，来处理 NBNN 框架中上述两个局限性。虽然 I2CDDE 和 LGE 都是降维算法，但它们有着根本的不同。在 I2CDDE 中，图像到类的距离用于构建目标函数，而在 LGE 中，目标函数构建在最大后验概率（MAP）分类器上。

在本节中提出的局部高斯嵌入方法的贡献可以概括为两个方面：(1) 提出了一种判别式降维算法，将局部特征投影到低维空间，大大降低了测试的计算量。(2) 采用局部高斯函数对局部特征描述符降维的可能性进行显式建模。

3.6.2　局部高斯嵌入

1. 局部判别高斯

Parrish 和 Gupta[40]提出了一种基于局部判别高斯准则（Local Discriminative Gaussian，LDG）的降维算法，这是一种用于分类的监督降维技术。LDG 中使用的目标函数近似于局部二次判别分析分类器的 Leave-One-Out 训练误差。LDG 对每个训练样本进行局部操作，目的是将样本投影到一个低维空间中，在该空间中可以区分相似数据和不同数据。

给定一组带标签的数据$\{(x_i, y_i)\}_{i=1}^N$，$x_i \in R^d$并且$y_i \in \{1, 2, \cdots, m\}$分别为第 i 个特征向量和类别标签。局部高斯嵌入的目的是找到一个矩阵$B \in R^{d \times l}$，其中 $l < d$，经过矩阵 B 降维的特征向量$\{B'x_i\}$在类别间的可区分都增加。这种可区分度可以用下面生成式分类器的性能表示：

$$\widehat{C} = \mathrm{argmax}_C p(x_i \mid C) p(C) \tag{3-41}$$

对于降维后的特征 $\{B' x_i\}$，采用 Leave-One-Out 的交叉训练方法得到的后验概率分类器的可区分度可以表示如下：

$$\sum_{i=1}^{N} I\left(p(B' x_i \mid y_i)\, p(y_i) < \max_j p(B' x_i \mid y_i)\, p(j) \right) \qquad （3-42）$$

这里 $I(\cdot)$ 为指示函数，即括号内条件为真，则其函数值为 1，否则为 0。$p(B' x_i \mid y_i)$ 表示给定类别 y_i，由其他 $N-1$ 个样本训练得到的概率分布的似然度。

公式（3-42）的目标函数由于指示信号 $I(\cdot)$ 的非连续性导致很难实现最小化。为了得到一个平滑可导的目标函数，在公式（3-42）中可以用一个求和代替指示信号，从而更合理地得到公式（3-42）的近似表示如下：

$$f(B) = \sum_{i=1}^{N} \log\left(\frac{\sum_{j=1}^{m} p(B' x_i \mid j)\, p(j)}{p(B' x_i \mid y_i)\, p(y_i)} \right)$$

$$= \sum_{i=1}^{N} \left(\log\left(\sum_{j=1}^{m} p(B' x_i \mid j)\, p(j) \right) - \log\left(p(B' x_i \mid y_i)\, p(y_i) \right) \right) \qquad （3-43）$$

对公式（3-43）中的第一项，利用 Jensen 不等式可知：

$$\log\left(\sum_{j=1}^{m} p(B' x_i \mid j)\, p(j) \right) \leqslant \sum_{j=1}^{m} p(j) \log p(B' x_i \mid j) \qquad （3-44）$$

则公式（3-43）的上界，即最终的目标函数可以写为如下公式：

$$f(B) = \sum_{i=1}^{N} \left(\sum_{j=1}^{m} p(j) \log p(B' x_i \mid j) - \log p(B' x_i \mid y_i)\, p(y_i) \right) \qquad （3-45）$$

公式（3-43）需加上 $B' B = I$ 的限制条件。并假设 $p(x_i \mid j)$ 为高斯函数，服从 $N(x_i; \mu_{ij}, \Sigma_{ij})$。并假设在映射后空间的高斯函数协方差矩阵和 B 相互独立。另外，为了减少模型的偏差，假设每一个类别对应一个高斯分布，并且 $p(x_i \mid j)$ 用局部高斯分布建模。$p(x_i \mid j)$ 的局部高斯分布的参数，是通过在类别 j 中在训练样本 x_i 用欧式距离计算的 k 近邻的数据点，利用最大似然度估计得到均值和协方差矩阵。为了减少协方差矩阵中的参数数量，这里用对角阵 $\sigma_{ij}^2 I$ 替代协方差矩阵。因此：

$$p(B' x_i \mid j) = N(B' x_i; B' \mu_{ij}, B' B\, \sigma_{ij}^2) \qquad （3-46）$$

则公式（3-43）的优化，可以由特征值分解得到其闭式解。

2. 局部高斯嵌入

引入局部高斯嵌入（Local Gaussian Embedding，LGE）的目的是解决 NBNN 中的两个局限性，即：（1）通过局部高斯嵌入对局部描述符降维，缓解寻找近邻的计算负担；2）通过对局部描述符的局部高斯分布建模，可以有效避免不必要的参数估计。

局部高斯嵌入的方法在降维和局部高斯建模方面与局部判别高斯（Local Discriminative Gaussians，LDG）[40] 密切相关。然而，局部高斯嵌入方法从根本上区别于 LDG。一方面，局部高斯嵌入方法 LGE 处理图像 / 视频的局部描述符的降维，而 LDG 处理全局描述符；另一方面，局部高斯嵌入方法中使用的目标函数与 LDG 中使用的目标函数有本质的不同。在 LDG 中，目标函数基于最小化局部二次判别分析分类器的 Leave-One-Out 训练误差。在我们提出的局部高斯嵌入方法中，目标函数是最大化图像相对于其所属类别的可能性，同时最小化相对于其不属于类别的可能性。

假设有一图像集合 $\{X_i\}$，每一幅图像的局部描述符表示为 $\{x_{i1}, \cdots, x_{ij}, \cdots, x_{im_i}\}$，这里 m_i 为图像 X_i 中局部描述符的个数。$x_{ij} \in R^D$，其中 D 是局部描述符的维数。图像 X_i 的类别一般可以用最大后验概率确定，即

$$\widehat{C} = \mathrm{argmax}_C p(C \mid X_i) \tag{3-47}$$

根据 Bayes 定理，后验概率可以表示为：

$$p(C \mid X_i) = \frac{p(X_i \mid C)p(C)}{\sum_c p(X_i \mid c)} \tag{3-48}$$

假设先验概率 $p(C)$ 服从均匀分布，且来自同一幅图像的局部描述符之间相互独立同分布，则公式（3-47）的最大后验概率原通过取对数操作，退变为最大似然度原则，即

$$\widehat{C} = \mathrm{argmax}_C \log p(C \mid X_i) = \mathrm{argmax}_C \frac{1}{m_i} \sum_{j=1}^{m_i} \log p(x_{ij} \mid C) \tag{3-49}$$

局部高斯嵌入方法的目标是寻找一个线性映射 w，可以将局部描述符映射到一个低维空间。在映射后的低维空间中，局部高斯嵌入方法期望最大化似然度 $p(\widehat{X}_i \mid y_i)$ 同时最小化当 $c \neq y_i$ 时 $p(\widehat{X}_i \mid c)$ 的似然度。这里 $\widehat{X}_i$ 表示 X_i 经过线性映射后的局部描述符，y_i 为其对应的标签信息。

基于上述的直观思想，局部高斯嵌入方法中的目标函数可以表示为：

$$f(w) = \frac{\sum_{i=1}^{N} p(\widehat{X}_i \mid y_i)}{\sum_{i=1}^{N} \sum_{c=1, c \neq y_i}^{C} p(\widehat{X}_i \mid c)} \tag{3-50}$$

这里 N 为训练样本的总数。进一步，可以将目标函数写成如下形式：

$$f(w) = \frac{\displaystyle\sum_{i=1}^{N} \frac{1}{m_i} \sum_{j=1}^{m_i} \log p(w' x_{ij} \mid y_i)}{\displaystyle\sum_{i=1}^{N} \sum_{c=1}^{C} \frac{1}{m} \sum_{j=1}^{m_i} \log p(w' x_{ij} \mid c)} \quad (3-51)$$

受文献[40]工作的启发，局部高斯嵌入方法采用局部高斯刻画$p(w'x_{ij}|c)$分布，即：

$$p(w' x_{ij} \mid c) = N(w' x_{ij}; w'\mu_{ijc}, w'\Sigma_{ijc}w) \quad (3-52)$$

一样，对x_{ij}和类别c的高斯分布的参数，可以用x_{ij}在类别c中的k近邻估计。

将公式（3-52）代替为公式（3-51），就可以通过最大化$f(w)$得到w的估计值w^*如下：

$$w^* = \operatorname{argmax}_w \frac{\displaystyle\sum_{i=1}^{N} \sum_{c=1}^{C} \frac{1}{m_i} \sum_{j=1}^{m_i} \frac{1}{2\sigma_{ijc}^2} \Delta'_{ijc} w\, w' \Delta_{ijc}}{\displaystyle\sum_{i=1}^{N} \frac{1}{m_i} \sum_{j=1}^{m_i} \frac{1}{2\sigma_{ijy_i}^2} \Delta'_{ijy_i} w\, w' \Delta_{ijy_i}} \quad (3-53)$$

公式（3-53）受$w'w = 1$的约束，并且$\Delta_{ijc} = \mu_{ijc} - x_{ijc}$。

定义中间变量A、B分别如下：

$$A = \sum_{i=1}^{N} \frac{1}{m_i} \sum_{c=1}^{C} \sum_{j=1}^{m_i} \frac{1}{2\sigma_{ijc}^2} \Delta_{ijc} \Delta'_{ijc} \quad (3-54)$$

$$B = \sum_{i=1}^{N} \frac{1}{m_i} \sum_{j=1}^{m_i} \frac{1}{2\sigma_{ijy_i}^2} \Delta_{ijy_i} \Delta'_{ijy_i} \quad (3-55)$$

则公式（3-53）的优化可以用特征值分解表示，具体如下：

$$w^* = \operatorname{argmax}_w \frac{w'Aw}{w'Bw} \quad (3-56)$$

同样公式（3-56）也受$w'w = 1$的约束。并通过下式求解：

$$Aw = \lambda Bw \quad (3-57)$$

则线性映射w由$B^{-1}A$的前k个最大的特征值对应的特征向量组成。

局部高斯嵌入整体计算过程如下：

步骤1：计算训练集中每一个图像或视频X_i中的局部特征描述符X_{ij}。

步骤2：寻找每个局部特征描述符X_{ij}在各个类别中的k近邻。

步骤3：用这些k近邻计算每个类别对应的高斯分布的均值u_{ijc}和方差σ_{ijc}^2。

步骤4：按照公式（3-54）和公式（3-55）计算辅助的中间矩阵A和B。

步骤5：按照公式（3-57）利用广义特征值分解优化w^*。

3.6.3 实验结果

我们综合评估了局部高斯嵌入的方法对人体行为识别的作用，并在 KTH 和 HMDB51 数据集上进行了实验，并比较了局部高斯嵌入的方法与主成分分析（PCA）和 I2CDDE 的性能对比。

1. 实验设置

与 3.5 中的实验设置类似，实验中使用 Dollar 的周期检测器 [39] 来检测时空兴趣点（STIP），并使用具有 1000 维的三维方向梯度直方图（HOG3D）[32] 来描述检测到的时空兴趣点。对于人体行为识别，这里直接使用最大后验概率（MAP）分类器。

2. 中间结果分析

由于局部高斯嵌入算法建立在假设局部特征描述符来自多模态高斯分布的基础上，因此在中间结果分析中，分别在 KTH 数据集及 HMDB51 数据集上研究局部特征描述符的分布。另外，最近邻数是局部高斯嵌入方法的唯一参数，本部分实验中也研究了不同 k 参数的影响。

1）局部特征描述符的分布

图 3-16 和图 3-17 分别给出了 KTH 数据集上某一维局部特征描述子的概率分布和两维的局部特征描述子的概率分布。

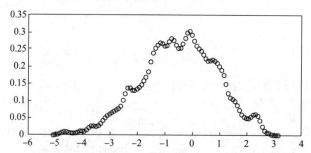

图 3-16　KTH 数据集上某一维局部特征描述子的概率分布

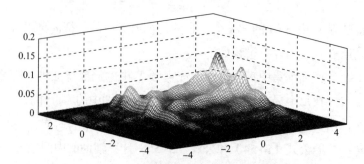

图 3-17　KTH 数据集上两维局部特征描述子的概率分布

从图 3-16 和图 3-17 可以清楚地看到，局部特征描述符显示为多模态高斯分布。这验证了局部特征描述符服从局部高斯分布的假设，并验证了将似然建模为局部高斯分布的有效性。

图 3-18 和图 3-19 分别给出 HMDB51 上对应的一维和两维的对应概率分布，可以看出其分布变化的趋势和 KTH 数据集上的类似。

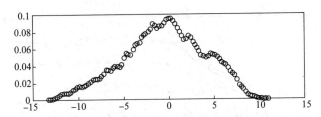

图 3-18　HMDB51 数据集上某一维局部特征描述子的概率分布

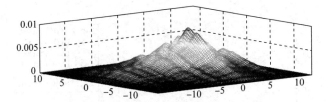

图 3-19　HMDB51 数据集上两维局部特征描述子的概率分布

2）近邻数 k 的变化对性能的影响

图 3-20 和图 3-21 分别给出了 KTH 数据集和 HMDB51 数据集上不同维数和最近邻数的所提出的局部高斯嵌入方法 LGE 和 PCA 性能比较，其中局部近邻 knn 中参数 k 分别取 10、20 和 30。而最后映射之后的空间维度变化则和不同的数据集相关。

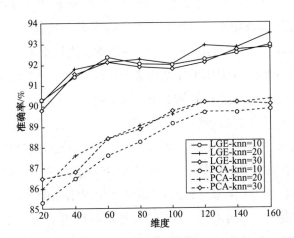

图 3-20　KTH 数据集上不同维数和最近邻数的 LGE 和 PCA 性能比较

从图 3-20 中可以看出，无论是维度变化还是随 k 参数的变化，本节所提出的局部高斯嵌入方法的性能均远高于主成分分析 PCA 方法。而在局部高斯嵌入方法内部的对比中可以看出，局部近邻的参数影响不是很显著，总体来看，随着维度的变化，k 为 20 的时候，在维度为 120 和 160 时，其性能增强的明显，其他维度时，k 为 10 和 20 呈现出交替趋势。

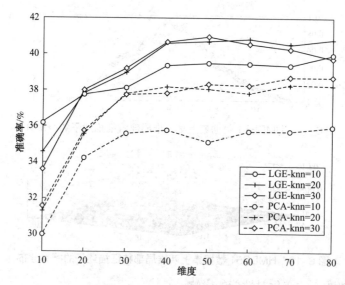

图 3-21　HMDB51 数据集上不同维数和最近邻数的 LGE 和 PCA 性能比较

从图 3-21 可以看出和图 3-20 类似的趋势，即无论是维度变化还是随 k 参数的变化，本节所提出的局部高斯嵌入方法的性能均远高于主成分分析 PCA 方法。而在近邻参数的选择上，PCA 主成分分析中，k 为 20 和 30 的性能明显高于 k 为 10 时的性能；在局部高斯嵌入方法 LGE 中，这种趋势也比较明显。但对于 k 为 20 还是 30 的选择时，可以看出，图 3-21 中两条曲线是交织在一起，交替变化，但和 KTH 数据集不同，在 HMDB51 数据集上，最好的性能在维度为 50 而 k 为 30 的时候。其中图 3-21 结果是 HMDB51 中三次不同训练 / 测试划分结果的平均值。

3. 和其他方法实验结果对比

这里除了与其他方法对比外，还与 3.5 中提出的 I2CDDE 算法进行了比较。给出了 LGE 和 I2CDDE 与 NBNN、局部 NBNN 和 NBNN 核分类器的比较结果如图 3-22 所示。通过 LGE 降维，NBNN、局部 NBNN 和 NBNN 核方法的性能也得到了改善，尤其是与 I2CDDE 相比，NBNN 核的性能得到明显改善。关于 NBNN 和局部 NBNN，LGE 和 I2CDDE 在该数据集上产生了可比较的结果。图 3-22 给出了 KTH 数据集上 LGE 和 I2CDDE 与 NBNN、局部 NBNN 和 NBNN 核方法对比。

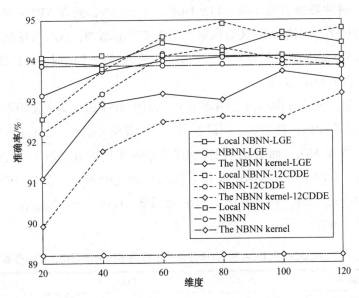

图 3–22　KTH 数据集上 LGE 和 I2CDDE 与 NBNN、局部 NBNN 和 NBNN 核方法对比

从图 3–22 可以看出，对于 NBNN 核方法相比，LGE 方法的性能明显优于 I2CDDE 降维方法。而对于 NBNN 和局部 NBNN 方法，LGE 方法和 I2CDDE 方法在不同维度上出现性能交替。

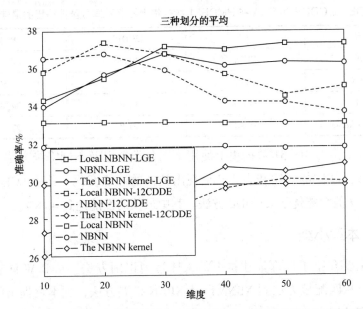

图 3–23　HMDB51 数据集上 LGE 和 I2CDDE 与 NBNN、局部 NBNN 和 NBNN 核方法对比

图 3-23 给出 HMDB51 数据集上三种不同训练 / 测试划分情况下的系统性能平均值下，两种降维方法 LGE 和 I2CDDE，与 NBNN、局部 NBNN 和 NBNN 核方法结合的对比。不同于 KTH 数据集，随着维度的增加，LGE 方法的优势在和 NBNN 与局部 NBNN 方法结合时体现得明显。在维度较小的时候，I2CDDE 降维方法的性能高于 LGE 方法。

表 3-7 和表 3-8 分别给出 KTH 数据集和 HMDB51 数据集上使用不同分类器得出的最佳结果比较。从表 3-7 可以看出，三种降维方法中，LGE 和 I2CDDE 方法明显优于 PCA 方法。而 LGE 和 I2CDDE 方法在不同的分类器上的性能没有呈现出一致性。LGE 和 MAP、NBNN 核方法结合的性能较好，而 I2CDDE 和局部 NBNN、NBNN 结合时，性能略优于 LGE 和局部 NBNN、NBNN 结合。其中最佳的性能达到 94.9%。

表 3-7　LGE、I2CDDE 和 PCA 在 KTH 数据集上使用不同分类器得出的最佳结果比较

Classifiers	LGE	I2CDDE	PCA
MAP	93.5%	92.5%	90.6%
NBNN	94.2%	94.3%	92.9%
Local NBNN	94.4%	94.9%	93.2%
The NBNN kernel	93.5%	93.2%	89.3%

表 3-8　LGE、I2CDDE 和 PCA 在 HMDB51 数据集上使用不同分类器得出的最佳结果比较

Classifiers	LGE	I2CDDE	PCA
MAP	40.8%	40.6%	38.7%
NBNN	36.4%	36.8%	33.5%
Local NBNN	37.3%	37.4%	34.4%
The NBNN kernel	31.3%	30.2%	27.9%

表 3-8 给出 HMDB51 数据集上使用不同分类器以及不同降维方法得出的最佳结果比较。其性能对比和表 3-7 呈现出类似的性能变化。其中 LGE 和 MAP、NBNN 核方法的性能优于 I2CDDE 方法。其中最佳的性能达到 40.8%。

3.7　本章小结

本章主要介绍了局部描述符下的人体行为识别方法。从 BoW 词袋方法到稀疏编码，从匹配核方法到 NBNN 以及 NBNN 扩展方法，到本章提出的基于图像到类距离的嵌入（I2CDDE）方法以及局部高斯嵌入（LGE）方法，并在三个

基准数据集（KTH、UCF Sports 和 HMDB51）上进行广泛的实验，以系统地评估和比较 I2CDDE 和 LGE 方法在 NBNN 以及 NBNN 扩展方法上的性能。实验结果表明，I2CDDE 可以显著提高先前提出的基于 I2C 的方法（包括 NBNN、局部 NBNN 和 NBNN 核）的性能。更重要的是，I2CDDE 极大地加快了这些方法的速度，这可以促进大规模应用中基于 I2C 的方法。此外，I2CDDE 优于经典的降维技术，如主成分分析（PCA）和线性判别分析（LDA），这验证了 I2CDDE 的有效性。而 LGE 的性能明显优于 PCA，验证了 LGE 的有效性，也验证了局部特征描述符的局部高斯假设。此外，LGE 和 I2CDDE 之间的比较表明，LGE 比 I2CDDE 更稳健，这是由于 LGE 中的似然度建模，而不是 I2CDDE 中使用图像到类距离的近似。

参 考 文 献

［1］C Harris，M Stephens. A combined corner and edge detector. Alvey vision conference，1988.

［2］P Dollar，V Rabaud，G Cottrell，et al. Behavior recognition via sparse spatio-temporal features. The 2nd Joint IEEE International Workshop on Visual Surbeillance and Performance Evaluation of Tracking and Surveillance，2005.

［3］T Lindeberg. Feature detection with automatic scale selection. International Journal of Computer Vision，1998，30（2）：79-116.

［4］I Laptev，M Marszalek，C Schmid，et al. Learning realistic human actions from movies. IEEE Conference on Computer Vision and Pattern Recognition，2008.

［5］A Klaser，M Marszalek，C Schmid. A spatio-temporal descriptor based on 3d-gradients. British Machine Vision Conference，2008.

［6］H Bay，T Tuytelaars，Gool L Van. Surf：speeded up robust features. European Conference on Computer Vision，2006.

［7］罗辉舞. 词袋模型行为识别方法中的特征向量结构模式发现与利用. 长沙国防科学技术大学，2017.

［8］A Coates，H Lee，A Y Ng. An analysis of single-layer networks in unsupervised feature learning. Ann Arbor，2010，1001：48109.

［9］L Liu，L Wang，X Liu. In defense of soft-assignment coding. IEEE International Conference on Computer Vision，2011：2486-2493.

［10］H Wang，M M Ullah，A Kläser，et al. Evaluation of local spatio-temporal features for action recognition. British Machine Vision Conference，2009.

［11］Ling Shao，Riccardo Mattivi. Feature detector and descriptor evaluation in human action recognition. ACM International Conference on Image and Video Retrieval，ACM，2010：477-484.

［12］Andrea Vedaldi，Brian Fulkerson. Vlfeat：An open and portable library of computer vision algorithms. International Conference on Multimedia，ACM，2010：1469-1472.

［13］W E Vinje，J L Gallant. Sparse coding and decorrelation in primary visual cortex during natural vision. Science，2000，287（5456）：1273-1276.

［14］罗四维. 视觉信息认知计算理论. 北京：科学出版社，2010.

［15］Olshausen B A. Emergence of simple-cell receptive field properties by learning a sparse code for natural images. Nature，1996，381（6583）：607-609.

［16］Olshausen B A，Field D J. Sparse coding with an overcomplete basis set：A strategy employed by V1? Vision Research，1997，37：3311-3325.

［17］J Mairal，F Bach，J Ponce. Online dictionary learning for sparse coding. Internation Conference on Machine Learning，2009：689-696.

［18］J Wang，J Yang，K Yu. Locality-constrained linear coding for image classification. IEEE Conference on Computer Vision and Pattern Recognition，2010：3360-3367.

［19］K Yu，T Zhang，Y Gong. Nonlinear learning using local coordinate coding. Proc. of NIPS' 09，2009.

［20］L Wolf，A. Shashua. Kernel principle angles for classification machines with applications to image sequence interpretation. IEEE Conference on Computer Vision and Pattern Recognition（CVPR），2003.

［21］J Eichhorn，O Chapelle. Object categorization with SVM：Kernels for local features. In Advances in Neural Information Processing Systems（NIPS），2004.

［22］R Kondor，T Jebra. A kernel between sets of vectors. International Conference on Machine Learning（ICML），2003.

［23］P Monreno，P Ho，N Vasconcelos. A Kullback-Leibler divergence based kernel for SVM classification in multimedia applications. Advances in Neural Information

Processing Systems（NIPS），2003.

[24] C Wallraven，B Caputo，A Graf. Recognition with local features : the kernel recipe. IEEE International Conference on Computer Vision，2003 : 257–264.

[25] S Lyu. Mercer kernels for object recognition with local features. IEEE Conference on Computer Vision and Pattern Recognition，volume 2，2005 : 223–229.

[26] P Domingos，M. Pazzani. On the optimality of the simple Bayesian classifier under zero–one loss. Journal of Machine Learning，1997，29（2）：103–130.

[27] O Boiman，E Schechtman，M Irani. In defense of nearest neighbor based image classification. Computer Vision and Pattern Recognition，IEEE Computer Society Conference on，2008.

[28] T Tuytelaars，M Fritz，K Saenko. The nbnn kernel. IEEE International Conference on Computer Vision，2011 : 1824–1831.

[29] P Gehler，S. Nowozin. On feature combination for multiclass object detection. International Conference on Computer Vision，2009.

[30] S McCann，D G Lowe. Local naive bayes nearest neighbor for image classification. IEEE Conference on Computer Vision and Pattern Recognition，2012 : 3650–3656.

[31] David G Lowe. Distinctive image features from scale–invariant keypoints. International Journal of Computer Vision，2004，60（2）：91–110.

[32] A Kläser，M Marsza lek，C Schmid. A spatio–temporal descriptor based on 3d–gradients. In British Machine Learning Conference，2008 : 995–1004.

[33] Ivan Laptev，Marcin Marszalek，Cordelia Schmid. Learning realistic human actions from movies. IEEE Conference on Computer Vision and Pattern Recognition，2008 : 1–8.

[34] Herbert Bay，Tinne Tuytelaars，Luc Van Gool. Surf : Speeded up robust features. European Conference on Computer Vision. Springer，2006 : 404–417.

[35] Gang Hua，Matthew Brown，Simon Winder. Discriminant embedding for local image descriptors. IEEE International Conference on Computer Vision，2007 : 1–8.

[36] Hongping Cai，Krystian Mikolajczyk，Jiri Matas. Learning linear discriminant projections for dimensionality reduction of image descriptors. IEEE Transactions on Pattern Analysis and Machine Intelligence，2011，33（2）：338–352.

［37］Zhengxiang Wang, Yiqun Hu, Liang-Tien Chia. Image-to-class distance metric learning for image classification. European Conference on Computer Vision, 2010：706-719.

［38］Prateek Jain, Brian Kulis, Jason V Davis. Metric and kernel learning using a linear transformation. Journal of Machine Learning Research, 2012, 13：519-547.

［39］P Doll'ar, V Rabaud, G Cottrell. Behavior recognition via sparse spatio-temporal features. Joint IEEE International Workshop on Visual Surveillance and Performance Evaluation of Tracking and Surveillance, 2005：65-72.

［40］Nathan Parrish, Maya R Gupta. Dimensionality reduction by local discriminative gaussians. ACM Internatinal Conference on Machine Learning, 2012.

第 4 章　人体行为识别新技术

早期的人体行为识别主要以普通摄像机提供可见光或者灰度图像序列为研究对象。随着视频采集传感器的不断进步，尤其是近年来出现的彩色 – 深度 RGB–D 传感器，使得人体行为识别发展到一个新阶段。并且随着计算机计算能力增强，可以将人体视为一种关节系统，由关节点连接的刚性段（肢体）组成，即将人体行为视为由人体骨架点在三维空间中的运动表示，随着深度传感器，如 Kinect 以及骨架节点提取技术的发展，基于骨骼节点的人体行为识别也逐渐兴起。并且随着工业物联网发展，基于云计算架构的人体行为识别也逐渐引起重视。在本章中，将分别对这些人体行为识别中的新技术逐一介绍。

4.1　骨架节点的人体行为识别

4.1.1　概述

基于骨架节点的人体行为识别研究，最早起源于瑞典心理学家 Johansson 于 1973 年的移动光电实验[1]，通过将光亮点均匀分布在人体上，发现光亮点的数量与人体上的光亮点分布情况可以影响人体动作感知，并且随着光点数目增加，人们理解人体行为的歧义也逐步减少。这一实验的发现，启发了人体姿态估计与基于人体关节位置信息的行为识别研究。只要 10~12 个关键节点的组合与追踪便能形成对诸多行为，例如跳舞、走路、跑步等的刻画，做到通过人体关键节点的运动来识别行为[1]。正因为如此，在 Kinect 的游戏中，系统根据深度图估计出由人体的一些关节点的位置信息组成的人体骨架（Skeleton），对人体姿态动作进行判断，促成人机交互的实现。与 RGB 信息相比，骨架信息具有特征明确简单、不易受外观因素影响的优点。

传统的基于骨架的方法通常都是从特定的骨架序列中提取运动模式，基于这样提取的运动模式可以提取相关特征表示，这些表示一般是直接指定的提取模式（Handcraft 特征），并且经常会利用到不同关节间的相对 3D 旋转和平移。文献[2]认为这些 Handcraft 特征只在一些特定数据集上表现良好，而从一个数据集上提取的 Handcraft 特征可能无法迁移到其他数据集上，这使得人体行为识别算法难以推广到更广泛的应用领域。另外，基于骨架信息的人体行为识别也受到很多限制，如当人体部分出现在视野中时，而另外部分被遮挡时，这种方法几乎不起作用，并且当人体触及背景或人不在直立位置（如躺在床上）时，依靠骨架信息进行估计是不可靠的，甚至是失败的。

随着深度学习方法在其他计算机视觉任务上的发展和突出表现，也开始出现使用骨架数据的循环神经网络（Recurrent Neural Network，RNN）[3]、卷积神经网络（Convolutional Neural Networks，CNN）[4]和图卷积神经网络（Graph Convolutional Network，GCN）[5]。在基于 RNN 的方法中，骨架序列是关节坐标的自然时间序列，这可以被视为序列向量，而 RNN 本身就适合处理时间序列数据。此外，为了进一步改善学习到的关节序列的时序上下文信息，一些如长短期记忆神经网络（Long-Short Term Memory，LSTM）、门控循环单元（Gated Recurrent Unit，GRU）方法也被用到骨架行为识别中。当使用 CNN 来处理这一基于骨架的任务的时候，可以将其视为基于 RNN 方法的补充，因为 CNN 结构能更好地捕获输入数据的空间线索，而基于 RNN 的方法正缺乏空间信息的构建。最后，相对新的方法图卷积神经网络 GCN 也有用于骨架数据处理中，因为骨架数据本身就是一个自然的拓扑图数据结构（关节点和骨头可以被视为图的节点和边），而不是图像或序列那样的格式。

除了与其他模态数据相比具有的优势，骨架序列还有如下三个主要的特点：

（1）相邻关节之间存在很强的相关性，因此帧内（Intra-Frame）可以获取丰富的人体结构空间信息（Spatial Information）。

（2）帧间（Inter-Frame）可以利用时域相关信息（Temporal Information）。

（3）当考虑关节和骨骼的时候时空域共生关系（Co-occurrence Relationship）。

图 4-1 给出基于骨架节点的人体行为识别的主要过程。

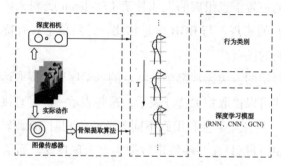

图 4-1 基于骨架节点的人体行为识别框架

首先，骨架数据通过两种方式获得，一种是通过传统的 RGB 图像进行关节点估计（Pose Estimation）获得[7, 8]，另一种是通过 Microsoft Kinect 这样的深度摄像机传感器[10]，让我们更轻松地获得准确的 3D 骨架（关键点）数据[9]。然后，骨架数据将被发送到基于 RNN、CNN 或 GCN 的神经网络中。最后得到人体行为类别。

4.1.2　人体骨架及骨架数据集

通俗地说，人骨架框架包括六个部分——头部、左手、右手、躯干、左脚和右脚。一副骨架可以抽象为两种元素组成——关节点（Joint）和骨骼（Bone）。关节点的作用是连接两根相邻的骨骼。在计算机视觉中，"骨架"可以理解为人体躯干、头、四肢位置的语义模型。而骨架的相关运动和参数可以表示人体的行为。因此，我们可以把骨架简化为一个由点和边所构成的图（Graph）。点对应骨架中的关节点，边对应骨架中的骨骼。

图 4-2 给出了数据集中 25 个身体关节的配置图示。这些关节的标签是：（1）脊椎底部；（2）脊椎中部；（3）颈部；（4）头部；（5）左肩；（6）左肘；（7）左腕；（8）左手；（9）右肩；（10）右肘；（11）右腕；（12）右手；（13）左髋；（14）左膝；（15）左踝；（16）左脚；（17）右髋；（18）右膝；（19）右踝；（20）右脚；（21）脊柱；（22）左手尖；（23）左手拇指；（24）右手尖；（25）右手拇指。

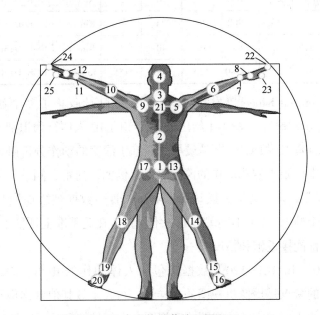

图 4-2　25 个身体关节的配置图示

表 4-1 3D 人体行为识别的公开数据集 [27]

数据集	视频个数	类别数	对象数	角度数	传感器	数据形式	发布时间
MSR-Action3D [11]	567	20	10	1	N/A	D+3DJoints	2010
CAD-60 [12]	60	12	4	—	Kinect vl	RGB+D+3DJoints	2011
RGBD-HuDaAct [13]	1189	13	30	1	Kinect vl	RGB+D	2011
MSRDailyActivity3D [14]	320	16	10	1	Kinect v1	RGB+D+3DJoints	2012
UT-Kinect [15]	200	10	10	4	Kinect v1	RGB+D+3DJoints	2012
$Act4^2$ [16]	6844	14	24	4	Kinect v1	RGB+D	2012
CAD-120 [17]	120	10+10	4	—	Kinect vl	RGB+D+3DJoints	2013
3D Action Pairs [18]	360	12	10	1	Kinect vl	RGB+D+3DJoints	2013
Multiview 3D Event [19]	3815	8	8	3	Kinect vl	RGB+D+3DJoints	2013
Northwestern-UCLA [20]	1475	10	10	3	Kinect vl	RGB+D+3DJoints	2014
UWA3D Multiview [21]	~900	30	10	1	Kinect v1	RGB+D+3DJoints	2014
Office Activity [22]	1180	20	10	3	Kinect v1	RGB+D	2014
UTD-MHAD [23]	861	27	8	1	Kinect vl+WIS	RGB+D+3DJoints+ID	2015
UWA3D Multiview Ⅱ [24]	1075	30	10	5	Kinect vl	RGB+D+3DJoints	2015
$M^2 1$ [25]	~1800	22	22	2	Kinect vl	RGB+D+3DJoints	2015
SYSU 3DHOI [26]	480	12	40	1	Kinect vl	RGB+D+3DJoints	2017
NTU RGB+D 120 [27]	114480	120	106	155	Kinect v2	RGB+D+3DJoints+IR	2019

自从 Microsoft Kinect[10] 发布后，不同组织陆续收集了多个数据集，以进行 3D 人体动作识别研究。表 4-1 给出近年发布的 3D 人体行为识别的公开数据集。

MSR-Action3D 数据集 [11] 是最早开展基于深度的动作分析研究的数据集。此数据集的样本仅限于游戏动作的深度序列，例如，前拳、侧拳、前踢、侧踢、网球摆动、网球发球、高尔夫摆动等。随后，骨架数据被添加到此数据集。骨骼信息包括每个帧上 20 个不同关节的三维位置。在此基准上评估了相当多的方法，最近的方法性能接近饱和精度 [28]。

CAD-60[12] 和 CAD-120[17] 数据集包含人体动作的 RGB、深度和骨骼数据。这些数据集的特点是摄像机视图的多样性。与大多数其他数据集不同，这两个数据集中的摄像头不绑定到前视图或侧视图，它们的缺点是视频样本数量有限。

RGBD-HuDaAct 数据集[13] 是最大的数据集之一。它包含 1189 个视频的 RGB 和深度序列，这些视频包含 12 个人类日常动作（加上一个背景类），时间长度变化很大。该数据集的特点是同步和对齐的 RGB 和深度通道，这使得 RBG-D 信号能够进行局部多模态分析。

MSR DailyActivity 数据集[14] 是该领域最具挑战性的基准数据集之一。它包含 16 项日常活动的 320 个样本，具有较高的类内差异。此数据集的局限性在于样本数量少和固定摄影机视点。该数据集的一些研究结果也达到了非常高的精确度[29]。

3D 动作对数据集[18] 旨在提供多对动作类。每对包含非常密切相关的动作，沿时间轴存在差异，例如，拿起 / 放下盒子、推 / 拉椅子、戴 / 脱帽子等。文献[30] 在此基准数据集上实现了完美的准确性。

西北加州大学洛杉矶分校[20] 和多视图 3D 事件[19] 数据集同时使用多个深度传感器收集同一动作的多视图表示，并放大样本数量。

NTU RGB+D120[27] 数据集有以下特点：（1）更多的动作类；（2）每个动作类有更多的视频样本；（3）更多的类内差异，例如姿势、互动对象、演员的年龄和文化背景；（4）更多的采集环境，例如不同的背景和照明条件；（5）更多摄像机视图；（6）更多摄像机与拍摄对象之间的距离变化；（7）使用 Kinect v2，与以前版本的 Kinect 相比，它提供更精确的深度贴图和 3D 关节，尤其是在多摄像头设置中。

4.1.3　基于骨架节点的深度学习的人体行为识别

这里分别对基于 RNN 的骨架节点的人体行为识别、基于 CNN 的骨架节点的人体行为识别、基于 GCN 骨架节点的人体行为识别方法进行详尽的讨论和比较。

1. 基于 RNN 的骨架节点的人体行为识别

RNN[40] 通过将上一时刻的输出作为当前时刻的输入来形成其结构内部的递归连接，这被证明是一种处理序列数据的有效方法。为了弥补标准 RNN 的不足（例如梯度消失问题和长时建模问题），LSTM 和 GRU 分别在 RNN 内部引入了门和线性记忆单元，改进了模型性能。但由于 RNN 结构缺乏空间建模能力，相关的方法通常也无法取得竞争性的结果[29]。最近，Hong 和 Liang[30] 提出了一个新颖的双流 RNN 结构来为骨架数据建模时域和空域特征，其中骨架轴的交换作为数据预处理来更好地学习空间域特征，该工作的框架如图 4-3 所示。

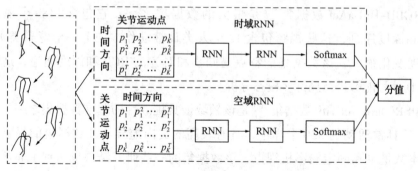

图 4-3 时空双流框架示意图[30]

和文献 [30] 不同的是，Jun 和 Amir[31] 对骨架序列的遍历方法进行了研究，以此来获取时空域的隐藏关系。一般的方法将关节排列成简单的链，这忽略了相邻关节的运动依赖关系，而文献 [31] 提出了基于树结构的关节遍历方法，该方法在人体关节的联系不够牢固时也不会添加虚假连接。然后使用带有信任门的 LSTM 来区分输入，即如果树状输入单元是可靠的，则将使用输入的潜在空间信息来更新记忆单元。受 CNN 适合建模空间信息这一特性的启发，Chunyu 和 Baochang[32] 使用注意力 RNN 和 CNN 模型来改善复杂的时空建模。首先在残差学习模块中使用时域注意力子模型，来重新校准骨架序列中的时域注意力，然后后接时空卷积子模型。

此外，文献 [33] 使用一个注意力循环关系 LSTM 网络来学习骨架序列中的时空特征，其中循环关系网络学习空间特征、多层 LSTM 学习时域特征。

尽管 RNN 的性质决定了其适合处理序列数据，但众所周知的梯度爆炸和消失问题，RNN 也不可避免。LSTM 和 GRU 可以在一定程度上缓解这一问题，但 tanh 和 sigmoid 激活函数可能还是会导致层间的梯度衰减。为了解决这一缺陷，一些新型的 RNN 结构被提出，Shuai 和 Wanqing[34] 提出了一个独立的循环神经网络，该网络可以解决梯度爆炸和消失问题，这使得构建一个更长更深的 RNN 网络来学习鲁棒性更好的高级语义特征成为可能。这一改进的 RNN 不仅可以用于骨架行为识别，也可用于其他领域例如语言模型。在这种结构中，一层内的神经元彼此独立，因此可以用于处理更长的序列。考虑到并不是所有的关节对行为分析有用，文献 [35] 在 LSTM 网络中添加了全局上下文注意力机制选择性地关注骨架序列中信息丰富的关节。图 4-4 展示了该方法的可视化效果。另外，由于数据集或深度传感器所提供的骨架并不是完美的，这可能会影响行为识别任务的结果，所以文献 [36] 将骨架转换为另一种坐标系统来提升尺度变化、旋转、平移的鲁棒性，然后从转换后的数据中提取显著运动特征，而不是直接将原始骨架数据输入到 LSTM 中，图 4-5 展示了这一特征表示过程。

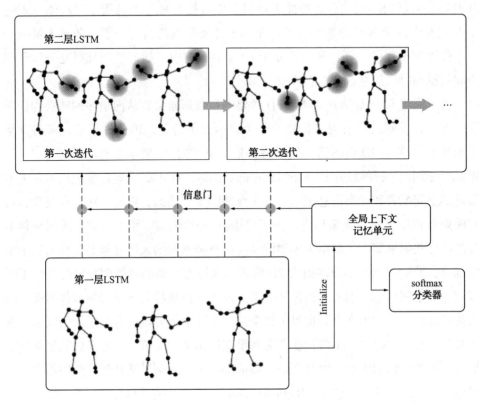

图 4-4　数据驱动的方法的框架 [6]

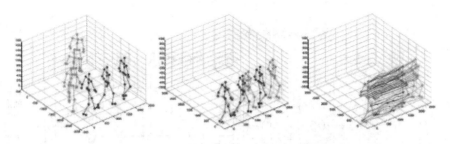

图 4-5　数据驱动的方法中的特征表示过程 [6]

除了上述这些，还有很多有价值的使用 RNN 的方法着眼于大视角变化、单个骨架中各关节的关系等问题。然而，我们必须承认在特定的建模方面 RNN-based 的方法确实比 CNN based 方法弱。接下来讨论另一个有趣的问题：CNN-based 方法如何进行时域信息建模以及如何找到时空信息的相对平衡点。

2. 基于 CNN 的骨架节点的人体行为识别

卷积神经网络也被用于基于骨架的行为识别。和 RNN 不同的是，CNN 凭借其自然、出色的高级信息提取能力可以有效且轻松地学习高级语义线索。不过 CNN 通常专注于基于图像的任务，而基于骨架序列的行为识别任务毫无疑问是一个强时间依赖的问题。所以在基于 CNN 的架构中，如何平衡且更充分地利用空间信息和时域信息就非常有挑战。

为了满足 CNN 输入的需要，3D 骨架序列数据通常要从向量序列转换为伪图像，然而，要同时具有时空信息的相关表示并不容易，因此许多研究者将骨架关节编码为多个 2D 伪图像，然后将其输入到 CNN 中来学习有用的特征[37, 38]。Wang[39] 提出了关联轨迹图（Joint Trajectory Maps，JTM），它通过颜色编码将关节轨迹的空间配置和动态信息表示为三个纹理图像。然而，这种方法有点复杂，且在映射过程中丢失了重要信息。为了克服这一缺陷，Bo 和 Mingyi[40] 使用平移不变的图像映射策略，先根据人体物体结构把每帧图像的人体骨架关节分为五个主要部分，然后把这些部分映射为 2D 形式。这种方法是的骨架图像同时包含了时域信息和空间信息。然而，虽然性能得到改善，但是将人体骨架关节作为孤立的点是不合理的，因为在真是世界中整个身体的各个部分都会存在紧密的联系。例如当我们挥手的时候，不仅仅要考虑和手直接相关的关节，还要考虑其他部分的情况，例如肩膀和腿也需要被考虑。Yanshan 和 Rongjie[41] 从几何代数中提出了形状运动表示法（Shape-Motion Representaion），解决了关节和骨骼的重要性，充分利用了骨架序列所提供的信息，如图 4-6 所示。

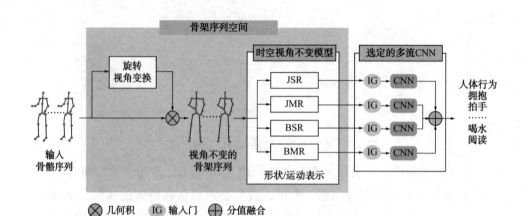

图 4-6　基于视觉不变骨架的行为识别中形状和运动表示的学习[41]

图 4-6 中首先构造骨架序列空间，然后基于旋转的视角变换得到视角不变的骨架序列。然后，构建时空视角不变模型，学习骨架序列的形状和运动表示［即关节点形状（Joint-Shape Representation，JSR）、关节点运动（Joint-Motion Representation，JMR）、骨骼形状（Bone-Shape Representation，BSR）和骨骼运动（Bone-Motion Representation，BMR）］。在基于骨架的人体行为识别中，采用了由输入门控制的四个 CNN 通道和分值融合模块组成的选定的多流 CNN 进行分类。其中骨架序列的形状和运动表示如图 4-7 所示。

	数据集NTU RGB+D				数据集Northwestern-UCLA				数据集UTD-MHAD			
	JSR	JMR	BSR	BMR	JSR	JMR	BSR	BMR	JSR	JMR	BSR	BMR
坐下 sit down												
站起 stand up												

图 4-7　骨架序列的形状和运动表示 [41]

类似的，文献 [42] 也使用了增强的骨架可视化来表示骨架数据，Carlos 和 Jessica[43] 基于运动信息提出新的表示方法（命名为 SkeleMotion），该方法通过显式计算关节运动的幅度和方向值来编码时间动态信息，如图 4-8 所示。

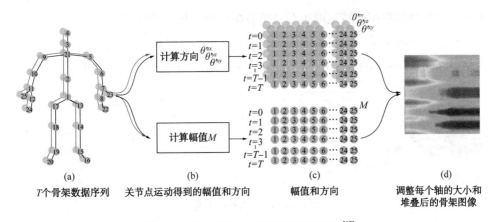

(a)	(b)	(c)	(d)
T个骨架数据序列	关节点运动得到的幅值和方向	幅值和方向	调整每个轴的大小和堆叠后的骨架图像

图 4-8　SkeleMotion 表示的工作流程 [43]

图 4-8 中，首先根据输入的 T 帧的骨架数据序列，根据关节点运动计算运动幅度大小和三个平面投影的方向，并用矩阵表示这些运动信息。其中矩阵的每行编码空间信息（关节运动之间的关系），而每列描述每个关节运动的时间信息。最后将得到调整每个轴的大小和堆叠后的骨架图像。

此外，和 SkeleMotion 类似，文献 [44] 使用 SkeleMotion 的框架但是基于树结构和参考关节来表示骨架图像。这些 CNN-based 方法通常把时域动态和关节简单地编码为行和列，来将骨架序列表示为图像，因此卷积的时候仅考虑了卷积核内的相邻关节来学习共现特征，也就是说，对每个关节来说，一些潜在相关的关节会被忽略，因此 CNN 不能学习到相应的有用的特征。

在 CNN-Based 的技术中，除了 3D 骨架序列表示之外也有一些别的问题，例如模型的大小和速度，CNN 的架构（双流或者单流[45]）、遮挡、视角变化等。所以使用 CNN 来解决基于骨架的人体行为识别任务仍是一个开放的问题，需要研究人员进行深入研究。

3. 基于 GCN 的骨架节点的人体行为识别

人类 3D 骨架数据是自然的拓扑图，而不简单如基于 RNN 方法中将其看为一系列向量，也不是基于 CNN 方法中的伪图像，因此图形神经网络由于能够有效表示图形结构数据，最近被频繁地用到骨架行为识别任务中。这里图形神经网络指图卷积神经网络 GCN（Graph Convolutional Networks，GCN）。而且仅从骨架的角度来看的话，把骨架序列简单地编码为序列向量或 2D 网格并不能完全表达相关关节的依赖关系。图卷积神经网络作为 CNN 的一种泛化形式，可以应用于骨架图在内的任意结构。在基于 GCN 的骨架行为识别技术中，最重要的问题是如何把原始数据组织成特定的，与骨架数据的表达相关的图结构。

Sijie 和 Yuanjun[5] 首次提出了一种基于骨架动作识别的新模型 - 时空图卷积网络（Spatial Temporal Graph Convolution Networks，ST-GCN），如图 4-9 所示。

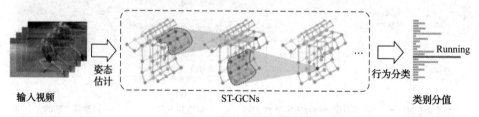

输入视频　　姿态估计　　　　　　　　　ST-GCNs　　　　　　　行为分类　　Running　类别分值

图 4-9　时空图卷积网络 [5]

该网络首先将人的关节作为时空图的顶点 vertexs，将人体连通性和时间作为图的边 edges；然后使用标准 Softmax 分类器来将 ST-GCN 上获取的高级特征图划分为对应的类别。值得注意的是，在文献 [5] 的工作中，利用姿态估计根据输入视频得到骨架信息。这项工作让更多人关注到使用 GCN 进行骨架行为识别的优越性，因此最近出现了许多相关工作。

Maose 和 Siheng[46] 提 出 的 运 动 结 构 图 卷 积 网 络（Action Structural Graph Convolutional Network，AS-GCN）不仅能够识别人的动作，还可以使用多任务学习策略来输出目标下一个可能的姿态，如图 4-10 所示。

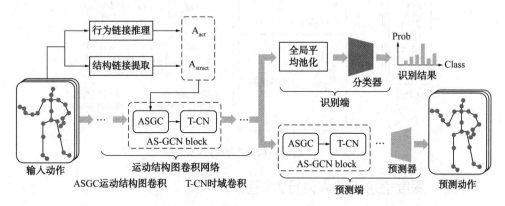

图 4-10　运动结构图卷积网络示意图[46]

运动结构图卷积网络工作中构造的图结构可以通过两个子模块行为链接（Actional Links）和结构链接（Structual Links）来捕获关节间更丰富的依赖性。虽然和 ST-GCN[5] 类似，都是利用图卷积网络进行行为识别，不同的是 ST-GCN 仅仅关注于 18 个关节点的骨架图上物理相邻关节点之间的关系。而 AS-GCN 在前者的基础上不但关注了物理相邻的关节点，而且更加注重在物理空间上不相邻关节点之间的依赖关系，它是对 ST-GCN 的一个较大的改进。

图 4-10 中在网络的后半部分并行为分两个分支，上面的分支功能为行为识别，下面的功能为行为预测，在预测分支中本文创新性地引入了 Action-links Inference Moudle（AIM）模块。AIM 由一个编码器和一个解码器构成，通过对两个节点之间的行为链接，即潜在的隐性依赖关系的推断，并以此来预测未来节点的位置，即进行未来行为预测。将上一时刻节点的关系数据放进编码器先进行编码，然后再利用解码器进行解码的一个过程。

图 4-11 就是从一个视频序列中利用本文中新提出的 Action-Links 和 Structural-Links 提取的骨架信息的一个表示。图中节点与节点之间连接的黄线表示人体物理上位置未直接相邻的节点之间存在的依赖性关系。黄线越粗，则这两个节点之间的关系就越强，而右边骨架图中节点上红色的圈则代表当前状态下，这一关节点运动的强烈程度，红色圈越大颜色越深，则该节点当前的运动就越强烈。

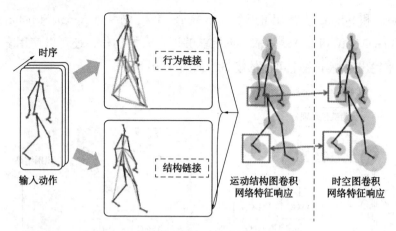

图 4–11　运动结构图卷积网络示意图[46]

4.2　深度信息下的人体行为识别

4.2.1　概述

随着价格低廉以及容易操作的彩色 – 深度（RGB-D）摄像机，如 Kinect 的出现，越来越多研究者将 Kinect 所采集的深度图像用于人体行为识别研究。与 RGB 图像相比，深度图像对光照、阴影以及其他环境变化不敏感，但深度图像缺乏足够的色彩、纹理信息。因此多数研究将 RGB 图像和深度图像结合，来提高人体行为识别的精度。

虽然深度图像可以轻易分割人体前景，从而解决了当动作执行者的外观颜色与背景颜色相似时无法识别的问题，对于复杂环境下人体行为识别的稳定性和可靠性具有很大帮助。然而，深度图像本身也存在一些不可避免的缺陷。一方面，当人体目标运动速度很快时，会在深度图像中产生大量的噪声点，在一定程度上加大行为识别的困难。另一方面，由于深度图像不像颜色图像具有丰富的颜色和纹理信息，从而使很多有效的特征表征（灰度共生矩阵、颜色直方图等）不能直接用在深度图像上。因此深度图像的特征表征成为研究热点之一。

另外，一般深度图像获取的传感器，可以同时获取可见光 RGB 图像、深度图像和人体三维骨骼数据，其中三维骨骼数据只记录人体各个关节点的位置信息，没有包括人与物体、人与周围环境之间的互动信息，但其可以有效估计人体姿态，基于此，基于深度摄像机获取的可见光图像、深度图像和人体三维骨骼数据，三种数据之间呈现出强烈的互补特性，充分挖掘和利用不同模态数据之间的关系，是人体行为识别的另一个研究热点。

本小节以下内容沿着深度图获取，以及深度图像的特征表征和多通道融合两个目前国内外的研究热点，展开相关探讨。

4.2.2　深度图获取

深度信息的获取主要基于三角测度和飞行时间（Time of Fly，ToF）技术。前一种技术可以使用立体视觉被动地实现，立体视觉通过从不同的视角捕捉同一场景来获取深度信息。立体视觉模拟人类视觉原理，其中深度计算为从不同视点拍摄的图像之间的差异。这可能需要了解摄像机的几何结构，并且需要对系统配置的每次更改进行校准。

图 4-12 给出了双目摄像机的立体重建示意图。与人类视觉类似，立体方法使用两个摄像头从两个稍有不同的视点获取场景观察。在立体重建的第一步中，计算两幅图像中的对应点，即观察场景中相同 3D 点的图像像素。基于这些匹配，可以通过三角测度（即通过将两条光线投射穿过检测到的点对应）找到三维位置。

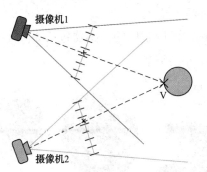

摄像机1

摄像机2

图 4-12　双目摄像机的立体重建 [47]

除了被动双目视觉，许多动物还采用了主动距离传感方法，例如，鲸鱼使用的声呐是基于测度声波的往返时间。顾名思义，飞行时间照相机的基本工作原理是基于测度发射光脉冲的飞行时间。更具体地说，一个光脉冲从发射器发出，然后它穿过场景，直到它击中一个物体，并反射回飞行时间相机，在那里传感器记录它的到达。一般来说，有两种不同类型的飞行时间摄影机。第一类是脉冲飞行时间相机，第二类是时间调制的光脉冲飞行时间相机。

脉冲飞行时间相机： 它根据快速快门和时钟测度光脉冲的往返时间。对于脉冲飞行时间相机，由于已知光速恒定，可通过测度发送和接收光脉冲之间的延迟来计算往返距离。然后，可以将场景深度计算为测度往返距离的一半：

$$深度 \frac{光速 \times 往返时间}{2}$$

有两种类型的脉冲飞行时间相机，逐点飞行时间传感器和基于矩阵的飞行时间相机。逐点飞行时间传感器使用摇摄 – 倾斜机构获得点测度的时间序列。这种技术也称为光探测和测距（LiDAR）。基于矩阵的飞行时间相机基于 CMOS 或 CCD 图像传感器估计每个时间步的完整深度图像。它们利用相隔几纳秒的激光产生的光脉冲。目前的深度图像传感器多属于第二类，而光探测和测距更多地用于远距离室外传感，例如在自动驾驶汽车中。由于光速极高，约为每秒 300000km，因此用于测度行程时间的时钟必须高度精确，否则深度测度不精确。

时间调制的光脉冲飞行时间相机：这类飞行时间相机使用时间调制的光脉冲，测度发射和返回脉冲之间的相移。对于调制飞行时间相机，光脉冲通常由连续波调制。相位检测器用于估计返回光脉冲的相位。然后，通过相移和景深之间的相关性得到景深。多频率技术可用于进一步提高获得的深度测度的精度和相机的有效传感范围。当前基于调制飞行时间的飞行时间相机示例包括 Microsoft Kinect One 和 Creative Senz3D 等。

这里主要介绍主流的深度图获取的传感器包括如图 4-13 所示的三种传感器。下面分别介绍这三种传感器的细节。

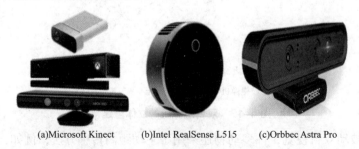

(a)Microsoft Kinect   (b)Intel RealSense L515   (c)Orbbec Astra Pro

图 4-13　不同的 RGB-D 传感器 [48]

Microsoft Kinect 传感器：微软发布了 Kinect RGB-D 传感器，这是一种低成本但高分辨率的工具，可以很容易地连接到计算机。Kinect 传感器 V1 使用结构光，Kinect V2 基于 ToF。后者的软件复杂度较低，但需要快速的硬件，如脉宽调制（PWM）驱动器。Kinect 技术推动了基于深度的算法和处理方法的发展。Kinect 已经停产，但市场上有替代传感器。Azure Kinect 是一款最新的空间计算开发工具包，具有计算机视觉和语音模型，以及一系列可连接到 Azure 认知服务的开发接口。Michal 等人 [32] 对 Azure Kinect 进行了全面评估，并将其与 Kinect 的两个版本进行了比较。不同版本的 Kinect 传感器如图 4-13（a）所示（从下到上为 Kinect v1、Kinect v2 和 Azure Kinect）。

Kinect 传感器通过感测对象及其环境的深度维度，使捕获 RGB-D 数据的任务变得更容易。它还解释了受试者所做的动作，并将其转换为实践者可用于新实验的格式。计算机视觉研究人员利用 Kinect 可以完成多种任务，如帮助儿童克服自闭症，以及为手术室的医生提供帮助。Azure Kinect 已面向开发者和行业发布。

Intel RealSense 深度摄影机：Intel RealSense 深度摄像头包含一系列立体和便携式 RGB-D 传感器，包括亚像素视差精度、辅助照明，即使在室外环境中也能表现出色。Keselman 等人 [49] 简要概述了 Intel RealSense 摄像头。R400 系列是 R200 系列的后续产品，包括其立体匹配算法和相关成本函数的改进以及设计的优化，这使得 R400 系列在相同图像分辨率下运行时比 R200 功耗更低。Intel 将 RGB-D 传感器分为不同类别，包括立体深度、激光雷达、编码光和跟踪传感器。图 4-12（b）所示的 Intel RealSense 激光雷达相机 L515 是迄今为止最小的高分辨率激光雷达深度相机。Intel D400 系列采用有源红外立体声技术。Intel SR 系列采用编码光技术；然而，最近推出的 L 系列使用激光雷达技术获取深度信息。L 系列显著减小了传感器的尺寸，从而加快了 RGB-D 传感器在人体行为识别中的使用。

Orbbec 深度摄影机：Orbbec Astra 传感器采用处理器，取代传统的基于电缆的传感器连接。与 Kinect 类似，图 4-13（c）所示的 Orbbec Astra Pro 设备包括 RGB 摄像机、深度摄像机、红外投影仪和两个麦克风。除此之外，与 Kinect 或 RealSense 设备相比，Orbecc 摄像头的计算机包更经济。有几种 SDK 可用，包括 Astra SDK（由传感器制造商开发）和用于 3D 自然交互传感器的 OpenNI 框架。在同一问题中使用不同的传感器可能会影响过程的准确性。Coroiu 等人 [50] 证明了 Kinect 传感器与 Orbbec 传感器的安全交换。根据实验，超过 16 个分类器证明传感器的选择不会影响分类精度。然而，七个分类器的准确度有所下降。此外，在文献 [51] 中比较了使用不同 RGB-D 传感器的校准算法。一般来说，RGB-D 传感器具有可接受的精度，但在某些情况下，校准过程对于提高传感器的精度并使其能够满足此类应用的要求至关重要。

4.2.3　深度图特征表征

RGB-D 数据通常指由 RGB-D 传感器捕获的红、绿、蓝加深度数据。RGB-D 图像提供与相应图像像素对齐的每个像素深度信息。深度图（Depth Map）是包含与视点的场景对象的表面的距离有关的信息的图像或图像通道，是通过深度信息形成的图像另外一个通道。深度图的表现类似于灰度图像，只是它的每个像素值是传感器距离物体的实际距离。通常 RGB 图像和 Depth 图像是配准的，因而像素点之间具有一对一的对应关系。在传统 RGB 图像中添加深度信息有助于提高数据的准确性和密度。RGB–D 传感器捕获的数据示例如图 4-14 所示。

(a)RGB   (b)RGB+骨架关节点   (c)深度图   (d)深度图+骨架关节点   (e)红外

图 4-14　从 NTU RGB–D 数据集捕获的 RGB–D 传感器示例数据

与骨架关节点数据相比，原始的深度数据可以提供丰富的表观信息和运动线索。深度相机输出的深度数据通常以图像形式出现，并对应场景中实际深度值，因此可以将像素点映射为三维点云表达形式。但是由于在深度图像上使用可见光图像的特征方法效果不理想[52]，大量研究工作集中在深度图像的特征表征方面。

Yang 等人[53] 提出一种 DMMs（Depth Motion Maps）特征对全局时空信息建模，即将深度图像序列依次投影到笛卡尔坐标系下的正视、俯视和侧视三个正交平面，在每个投影视图下通过计算相邻两帧深度图像之间的差异，并在时间维度上进行叠加获得对应投影视图的 DMM，并对每个视图分别提取 HOG 特征拼接，生成 DMM–HOG 描述子，如图 4-15 所示。

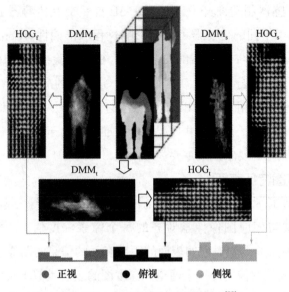

图 4-15　DMM–HOG 计算框架[53]

不同于投影视图方法，Wang 等 [54] 将深度图像看作一个四维得时空立方体，提出了 LOP（Local Occupancy Pattern）的特征来描述动作的类内差异，通过取出关节点所在的局部时空单元并进行空间网格划分，然后统计落到每个网格内的点云数量，以此作为 LOP 特征。受空间金字塔方法的启发，为了捕捉动作的时间结构，除了全局傅里叶系数外，这里递归地将动作划分为金字塔，并对所有片段使用短时傅里叶变换，如图 4-16 右边所示。最后一个特征是来自所有段的傅里叶系数的串联。为了获得对动作的具有判别性的微动作（Actionlet），引入了基于先验的数据挖掘方法，并通过多核学习算法获得相应微动作模型，并采用微动作集成模型（Actionlet Ensemble Model）来表示每个动作。

Wang 等 [55] 采用不同位置和尺寸的随机采样策略，提出随机占有模式（Random Occupancy Pattern，ROP）特征，其将深度图像作为三维点云，使用不同的空间尺寸对三维点云进行随机采样，以落入子立方体内的点云个数作为 ROP 特征。Vieira 等 [56] 对 ROP 进行了时间维度的扩展，并采用固定尺寸的四维时空立方体进行采样，提出了时空占有模式（Space-time Occupancy Pattern，STOP）特征。

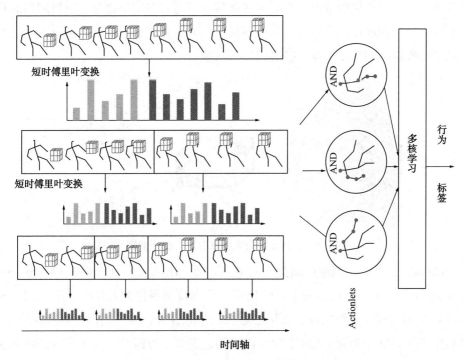

图 4-16　基于 LOP 的为动作集成模型方法框架

借鉴可见光图像中较为广泛使用的局部特征提取方法，Cheng 等 [57] 提出了一种比较编码描述符（Cpmparative Coding Descriptor，CCD）对时空点关系进行描述。首先使用 Harris3D 提取时空兴趣点，然后在时空兴趣点周围构建一个时空立方体，并对时空立方体中心点与邻近点的深度差进行编码得到 CCD 特征。具体如图 4-17 所示，其中左侧的长方体表示深度体积。带有顶点的中间长方体是用于提取 CCD 的原子长方体。右图中的数字表示编码顺序。

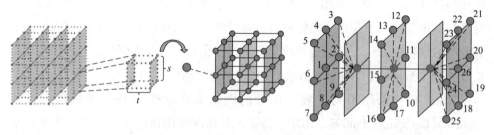

图 4-17　比较编码描述符示意图[57]

Xia 等[58] 提出一种深度立方体相似度特征（Depth Cuboid Similarity Feature，DCSF）描述子，具体如图 4-18 所示，其首先对深度图像序列提取时空兴趣点，然后从时空兴趣点周围选取一个立方体领域，并进行多网格划分，通过网格的自相似度来描述深度图像序列的局部外观模式，具有多模态适应性，可以很好地在可见光图像数据和深度图像数据之间进行切换。

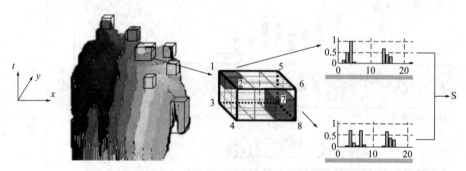

图 4-18　从深度视频中提取 DCSF 的示意图[58]

Oreifej 等[59] 提出四维超曲面法向量直方图（Histogram of Oriented 4D Surface Normal，HON4D）特征，如图 4-19 所示，将深度图像序列看作由一维时间、三维空间坐标构成的四维空间，以中心差分的形式计算四维空间的超曲面法向量，然后定义了 600 个单元、120 个顶点构成的正多面体对四维空间下表达的曲面法向量进行投影量化。HON4D 描述子需要对整个图像序列依次进行投影操作，在系统的实时性方面具有一定的局限性。

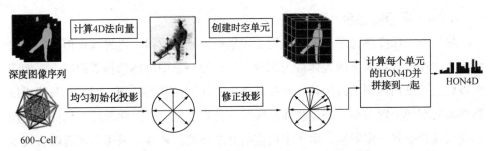

图 4-19　从深度视频中提取 DCSF 的示意图[59]

　　Yang 等[60]将深度图像序列中提取的四维法向量在局部时空内进行拼接，具体如图 4-20 所示，然后进行特征量化和编码生成超法向量（Super Normal Vector，SNV）。SNV 以超向量方式描述局部运动和几何信息，因此具有较强的时空描述能力。

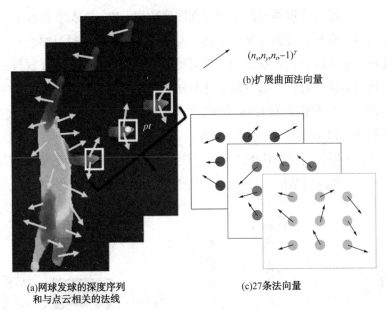

$(n_x, n_y, n_D - 1)^T$

(b)扩展曲面法向量

(a)网球发球的深度序列
和与点云相关的法线

(c)27条法向量

图 4-20　从深度视频中提取 DCSF 的示意图[60]

　　Rahmani 等[61]从三维点云的角度出发，提出了方向主成分直方图（Histogram of Oriented Principal Components，HOPC）的特征提取方法，通过计算每个点云为中心所在的局部空间球体内点云散布矩阵的三个主成分向量，再将其投影到正二十面体中，以投影分量作为该三维点云的特征向量。与 HON4D 和 SNV 相比，由于采用三维点云中局部曲面的最小主成分，HOPC 对噪声具有很好的鲁棒性。

4.2.4 多通道融合

尽管基于深度图像序列的人体行为识别研究工作取得一定进展，但这些方法大多集中在特定场景下的人体行为识别，并且受场景中物体遮挡等限制。深度图可以解决三维物体到二维图像平面投影丢失的深度信息的问题，但因其只能提供物体间的空间位置关系，缺乏物体的纹理、色彩信息等，因此单纯采用深度图像的应用场合受到一定限制，由于多通道信息之间的互补性，采用多通道融合技术可以在一定程度上消除上述影响。

1. 可见光与深度图像融合

最简单的可见光和深度图像的融合，可以从像素级融合以及特征级融合入手，如图4-21所示。借助于深度神经网络在融合中的优势，简单的像素级堆叠和利用深度学习模型学习后的特征拼接即可得到比单独的 RGB 通道和深度图通道更好的性能。结合深度神经网络和深度图像数据，Wang 等[62]设计了一种多层深度运动映射的卷积神经网络框架来进行人体行为识别。通过对原始三维点云数据进行旋转并依次投影到正视、侧视和俯视这三个正交平面，来提取与视角无关的人体形状与运动信息，然后对每个视图分别设计不同时间维度尺度，生成层级深度运动图，并依次输入到 CNN 中进行学习，最后对三个通道的得分进行融合得到行为类别。Shao 等[63]分别采用 DBN、CNN 和 LSTM 对基于可见光图像和深度图像序列的人体行为识别性能进行大量比较，发现使用基于 CNN 多模态融合效果要优于另外几种网络结构，对 CNN 学习到的特征采用 SVM 分类的性能最佳。

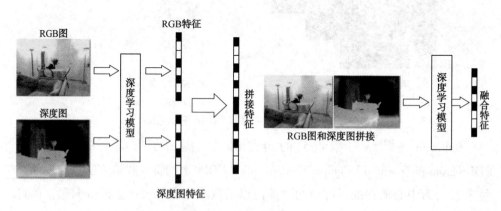

图 4-21　像素级融合（右）和特征级融合（左）示例[63]

Li 等[64]采用稀疏自动编码器的特征学习方法，首先，使用卷积神经网络的稀疏自动编码器分别从 RGB 和深度通道学习特征；其次，将两个通道的学习特征串联起来，并反馈到多层 PCA 中，以获得最终特征，具体过程如图 4-22 所示。

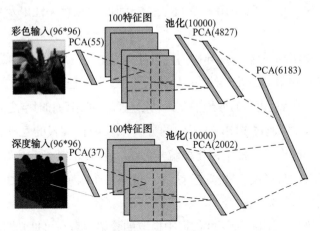

图 4-22　通过 PCA 实现彩色图像与深度图像的特征融合 [64]

Liu[65] 提出了一种深度时空描述符来提取深度图像中感兴趣的局部区域。这种描述符对光照和背景杂波非常鲁棒。此外，强度时空描述符和深度时空描述符被组合到线性编码框架中，通过线性编码将深度图像和可见光图像提取的特征进行融合，并且可以构造用于动作分类的有效特征向量。

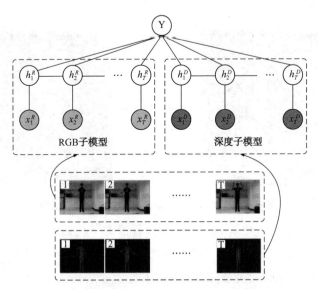

图 4-23　像素级融合（右）和特征级融合（左）示例 [66]

如图 4-23 所示，Liu 等 [66] 提出了一种融合 RGB 和深度序列信息的耦合隐条件随机场人体动作识别方法，将单链条件随机场扩展到多链条件随机场，提出了耦合隐条件随机场模型，将可见光图像序列与深度图像序列融合，并提出了模型学习和推理方法，以发现 RGB 和深度数据之间的潜在相关性以及单个模态中的模型时间上下文。

Kong 等 [67] 提出一种双线性异构信息机的识别方法，将深度图像数据和可见光图像数据压缩并映射到一个共享学习空间，通过不断迭代来得到交叉模型特征，这种学习到的交叉特征可以有效地捕获运动信息、三维结构和时空之间的对应关系。

Shahroudy 等 [68] 通过 RGB+D 视频的分析以及两种模式的互补特性，基于深度自动编码器，提出了一种结构化稀疏学习机，形成处理不同模态数据的共享特定特征分解网络，将多模态数据进行层级分解来获得更好的识别性能。

2. 可见光与骨架信息融合

Chaaraoui 等 [69] 提出一种深度数据中提取的骨架信息与可见光图像中提取的轮廓信息进行简单连接的方法，融合后的特征可以保留原模态下的特征；Sung 等 [70] 利用 Kinect 传感器的 RGBD 数据用于生成骨骼模型，如图 4-24 所示。在此基础上，提出通过最大熵马尔可夫模型建立两层图模型，分别采用关节点之间的位置差、方向角，并结合关节点周围立方体的可见光图像与深度上的 HOG 特征进行人体行为识别。

图 4-24 Kinect 传感器的深度图生成骨骼模型

Zhu 等 [71] 提出了一种基于时空特征和骨骼关节特征融合的三维人体动作识别方法。首先，进行三维兴趣点检测 STIPs 和局部特征描述 HOG3D，提取时空运动信息。然后计算骨架关节位置的帧差和距离来表征三维空间中关节的空间信息。在此基础上，采用基于随机森林方法的融合方案，将二者有效地结合起来。

Yu 等 [72] 提出一种新的基于结构保持投影的 RGB-D 视频数据融合的二进制局部表示方法。为了获得视频数据的泛化特征，为描述 RGB 的梯度场和视频序列的深度信息，利用包括每个点邻域的方向和大小的梯度场的局部通量，构造一种新的连续局部描述符，称为局部通量特征（LFF）。通过结构保持投影将 RGB 和深度通道的 LFF 融合到汉明空间中。

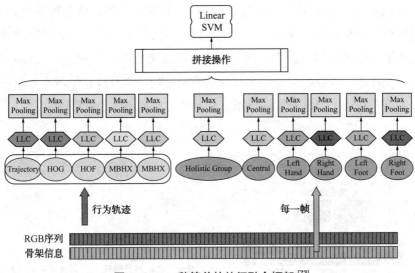

图 4-25　一种简单的特征融合框架 [73]

图 4-25[73] 给出一种多特征融合的方法，其中行为轨迹和骨架信息的每帧采用类似的融合方式。在行为轨迹中，从 RGB 通道中提取特征包括 Trajectory、HOG、HOF、MBHX 和 MBHY 描述符，在所有类型的描述符上分别应用 k– 均值聚类，构建特定于特征的字典。每个轨迹可以表示为其子通道特征的局部约束的线性编码（LLC）。另一方面，骨骼关节的三维位置根据身体的方向和位置进行规范化，假设每个肢体的运动独立于其他身体部位，因此将四肢与其他关节分开，并将骨骼分为五个子集，即躯干、左手、右手、左脚、右脚。与 RGB 子通道一样，所有骨架特征组都要经过 k 均值聚类和 LLC 编码。经过 maxpooling 后进行拼接操作，即 "级联"。

除可见光与深度图像融合以及可见光与骨架信息融合之外，惯性传感器的信息和可见光图像以及深度图像可以进一步结合，以提升人体行为识别系统的性能 [74]。

4.3　跨域的人体行为识别

4.3.1　概述

随着网络上图像视频的增加，不同模态的行为数据也不断涌现，包括在不同环境中采集到的行为视频、不同相机视角（包括正视、侧视、俯视等）采集到的行为视频，不同媒体类型的行为数据（图像、视频、穿戴传感器采集到的运动数据等），如何找到一种经济且有效的方式，充分利用某一种模态的已有数据，将其他模态数据作为辅助信息，以提升人体行为识别的性能，称为跨域行为识别。解决跨域行为识别问题的核心是减少不同模态行为数据间的差异，并利用源域的知识来辅助目标域的学习，有效整合源域和目标域之间的互补信息，从而提升目标域的系统性能。迁移学习是一个很好的实现途径。并且迁移学习不要求源域与目标域的分布相同，更符合实际需求。其具体过程如图 4-26 所示。

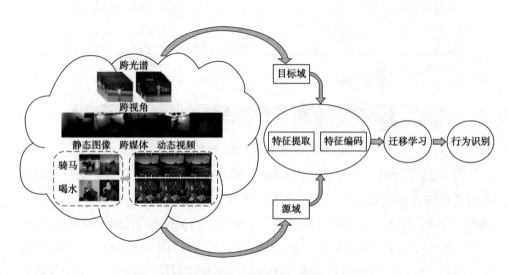

图 4-26　基于迁移学习的跨域人体行为识别框架[75]

4.3.2　跨光谱人体行为识别

　　跨光谱人体行为识别的常见数据模态形式是可见光谱和红外光谱下的视频，可见光谱对颜色信息的保留好，而红外光谱虽缺失大量的颜色信息，但红外视频能够在光线较暗的环境下，甚至黑夜里较好地捕捉人体，且红外视频数据量一般也远小于可见光视频。如图 4-27 所示，Zhu 等[76] 对可见光和红外光谱下相同行为的兴趣点的检测结果可以看出，两种光谱下的兴趣点呈现出互补性。基于这种发现，Zhu 等[76] 提出采用自适应支持向量机将可见光的行为识别器适应到红外信号上，虽然基于自适应支持向量机可以得到比直接匹配更好的性能，但其没有考虑目标样本上自适应支持向量机的最大边界属性，因此可能面临过拟合带来的性能下降问题。

图 4-27　在相同的动作中检测到的时空兴趣点（左：可见光；右：红外线）[76]

Gao 等 [77] 在 2015 年建立了第一个公开的红外人体行为识别数据集 InfAR。并对比了 Trajectory、Dense-trajectory、HOG、HOF、MBH、STIP、HOG3D、3DSIFT 在 Fisher vector 和 VLAD 上的性能。Gao 等 [78] 拓展了他们之前的工作，采用了一些主流的基于底层特征和深度卷积神经网络评测数据集 InfAR。Jiang 等 [79] 设计一种 3D 卷积神经网络结构学习红外视频的时空特征。通过引入判别编码层和相应的判别码损失函数，提出了一种新的双流 3D 卷积神经网络（CNN）结构。该结构包含两个子网络：一个是原始红外图像网络，另一个是光流子网络，如图 4-28 所示。在可见光谱人体行为数据集上预训练 3D CNN 模型，并在红外人体行为识别（InfAR）数据集上对其进行微调。由于 3D-CNN 结构和一种全新的基于编码损失目标函数的提出，该算法在 InfAR 数据集的识别性能优于文献 [77]。

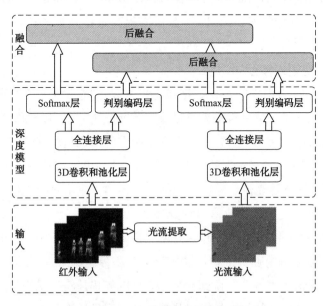

图 4-28　红外动作识别框架 [79]

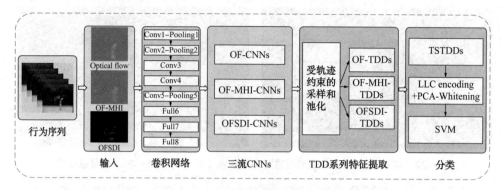

图 4-29　三流轨迹池化深卷积描述符示意图[80]

optical-flow motion-history-image（OF-MHI）光流运动历史图像；optical-flow（OF）光流；optical-flow stacked difference image（OFSDI）光流叠加差分图像；locality constrained linear coding（LLC）局部约束线性编码；trajectory-pooled deep convolutional descriptor（TDD）轨迹池化深度卷积描述符。

Liu 等 [80] 提出了一种新的全局时间表示方法，称为光流叠加差分图像（Optical Flow Stacked Difference Image，OFSDI），并通过综合考虑局部、全局和时空信息，从红外动作数据中提取鲁棒性和判别性特征。由于红外动作数据集的规模较小，首先分别在局部、空间和全局时间流上应用 CNN，从原始数据中获得有效的卷积特征图，而不是直接训练分类器。然后通过轨迹约束池化将这些卷积特征映射聚合为有效的描述符，称为三流轨迹池化深卷积描述符（Three Stream Trajectory-pooling Deep-convolution Descriptor，TSTDD）。此外，通过使用局部约束线性编码（LLC）方法来提高这些特征的鲁棒性。具体流程如图 4-29 所示。

4.3.3　跨视角人体行为识别

跨视角人体行为识别的常见数据模态形式是不同相机视角下采集的行为视频，不同相机视角下人体外观的差异显著，若能减小视角间行为数据的差异，充分利用视角间数据的有用信息，可使识别系统在各个视角均取得理想性能。

如图 4-30 所示，Farhadi 等 [81] 在给定 Bounding Box 和轮廓的边界框，使用 Lucas Kanade 算法计算光流。总特征包括三个通道，平滑水平光流、平滑垂直光流和轮廓。将归一化特征提取窗口划分为 2×2 个子窗口。然后将每个子窗口划分为 18 个饼图片，每个饼图片覆盖 20 度。饼图的中心位于子窗口的中心，切片不重叠。每个通道的值在每个切片的域上进行积分。结果是 72 维直方图。通过连接所有 3 个通道的直方图，得到一个 216 维的帧描述符。采用最大边缘聚类来生成视角的基于分割的特征，然后将分割值迁移到目标视角。

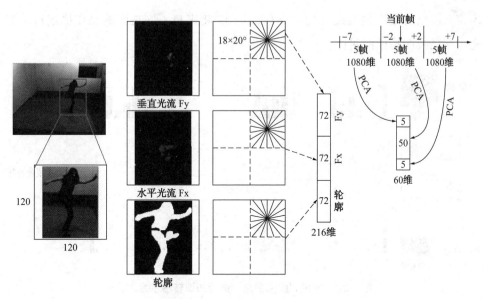

图 4-30　[81] 中的特征提取环节

根据 PCA 降维后的特征，如图 4-31 所示，Farhadi 等[81] 使用原始描述性特征对源视角进行聚类。然后，使用最大边距聚类来选择源视角中的信息分割。通过检查特定帧在分割平面的具体位置构建分割值，并直接将分割值传递到迁移视图中的相应帧，即将分割值迁移到目标视角，即图 4-31 中的迁移视角。

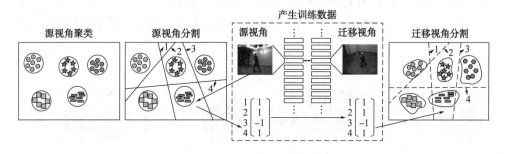

图 4-31　文献[81] 中的视角迁移示意图

Zhang 等[82] 在传统的最大边缘聚类基础上加上了一个时域正则项，提升系统性能。Liu 等[83] 提出一种双向图方法缩小视角独立字典间的域差异。Zheng 等[84] 利用视频之间的对应关系并提出了一种基于字典学习的方法，该方法联合地对特定视角学习视角特定字典，对不同视角间学习共同字典。如图 4-32 所示，Li 等[85] 提出了"虚拟视角"的概念，通过一个虚拟路径将源视角和目标视角联系起来，该路径和行为描述符的线性变化有着密切的联系。这个虚拟路径是通过对每个描

述符 x 应用有限序列的线性变换 $g(\lambda_i, x)$，将来自不同视图的动作描述符 x 扩充为交叉视图特征向量。

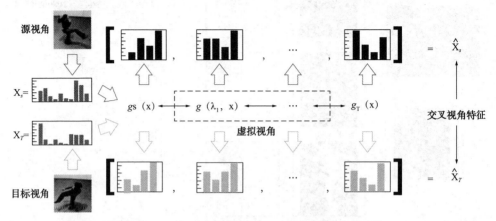

图 4-32　使用"虚拟视角"进行知识转移示意图[85]

类似的，Zhang 等[86] 通过一个连续的虚拟路径将源视角和目标视角的差异减小并保留视觉信息。此虚拟路径上的每个点都是一个虚拟视角，该视角通过动作描述符的线性变换获得。所有虚拟视角连接成一个无限维特征，以描述从源视角到目标视图的连续变化。并通过虚拟视角核来计算两个无限维特征之间的相似度值。如图 4-33 所示，Zheng 等[87] 提出一种从不同视角的视频对中同时学习一对字典，使得每对视频拥有相同的稀疏表达，如图 4-33（b）所示。而在图 4-33（a）中，传统的字典独立的编码中，针对同一行为的源视角和目标视角会得到不同形式的描述符。

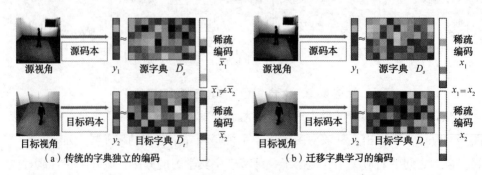

图 4-33　使用"虚拟视角"进行知识转移示意图[87]

Wu 等[88] 提出一种名为典型相关异质迁移判别分析方法，用于学习一个判别公共特征空间，用于连接源视角和目标视角以在它们之间传递知识。通过同时最小化类间样本的典型相关和最大化类内典型相关，优化了将源视角和目标视角数据映射到公共空间的两个投影矩阵，用来发现连接源视角和目标视角的有辨别力的共同特征，从而解决将在一个视角（源视角）中学习到的动作模型转移到另一个不同视角（目标视角）的问题。除此之外，还提出一种联合权重学习方法来融合多个源视角动作分类器，以便在目标视角中进行识别。这里将不同的组合权重指定给不同的源视角，每个权重表示对应的源视角对目标视角的贡献程度。类似地，Sui 等[89] 提出两个不同的映射矩阵，他们分别用来将来自两个不同视角的行为数据映射到同一个空间并同时最大化类内相似度，最小化类间相似度并减小两个视角数据分布之间的差异。Zu 等[90] 提出一种名为典型稀疏跨视角关联分析的方法来解决多视角行为识别问题。Wang 等[91] 提出一种统计转换框架来估计视角间视觉单词转移概率来解决跨视角行为识别。可以归结为跨视角视觉单词转移概率的估计，具体地说，从动作视频帧中提取局部特征，并基于 k-means 聚类形成词包。虽然动作的外观可能会因视角的变化而变化，但可以利用视角中视觉词语之间的潜在转移趋势。提出了两种方法来测度基于视角词的迁移关系，这两种方法最终基于词对的频率计数。在第一种方法中，通过 EM 算法最大化共享动作集的可能性来估计单词转移概率。在第二种方法中，通过似然比测试估计单词转移概率。根据估计的单词转移概率计算动作转移概率，然后基于动作视频转移概率实现类 K-NN 分类。Kong 等[92] 采用基于边缘自编码器的深度模型来学习视角私有和共享特征，来解决跨视角行为识别。在学习共享特征时，引入了一种新的样本关系矩阵，该矩阵可以精确地平衡多视角样本内部的信息传递，并限制样本之间的信息传递，实现更具辨别力的共享特性。

由于基于傅里叶变换的匹配比空间模板匹配更快，时空相关的动作滤波器被用于在频域中识别人体行为。Ulhaq 等[93] 提出一种先进的空时过滤框架来识别人体行为，该框架用于识别视角变化较大的人体行为。通过在每个像素处使用 3D 张量结构，而不是使用粗糙的强度值来提升性能，并应用离散张量傅里叶变换实现频域表示，从多视角人体行为数据中形成视角簇，并使用时空相关滤波来实现区分性视角表示，这种方法在视角变化较大时也能保持顽健的性能。Rahamni 等[94] 提出一种基于 3D 人体模型的跨视角行为识别算法，该算法学习一个可以将任意视角下的行为转换成高层表示模型，该模型不需要类别标记和视角角度的知识，其具体过程如图 4-34 所示。

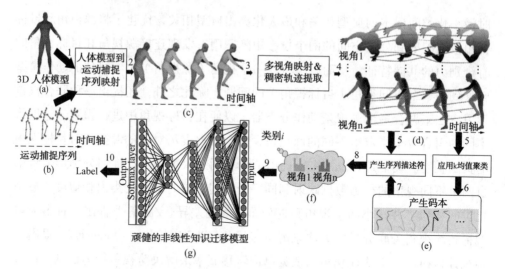

图 4-34　顽健的非线性知识迁移学习算法的框架[94]

　　如图 4-34 所示，在顽健的非线性知识迁移学习算法（Robust Non-Linear Knowledge Transfer Model，R-NKTM）中，首先，真实的 3D 人体模型（a）与真实的运动捕捉序列（b）相匹配，以生成 3D 动作视频（c），该视频从 $n=108$ 个角度投影到平面上。其中两个视角的投影如（d）所示。这导致 n 个 2D 点云序列依次连接，以构造合成轨迹（d）中的红色曲线。基于此，用 k 均值聚类生成通用码书（e）。采用 Bag of feature 方法构建稠密轨迹描述符（f），从中学习单个的 R-NKTM（g）。

4.3.4　跨媒体人体行为识别

　　跨媒体行为识别的常见数据模态的形式是图像和视频的行为数据，这两者之间特征维度不同，包含的信息内容也不同。图像主要包含行为的静态信息，而视频主要包含行为的运动信息。但视频的采集难度远大于图像，若能利用图像和视频间信息的互补性，可以一定程度上提升视频行为识别性能。

　　Zhang 等 [95] 提出一种半监督的图像到视频的适应方法，该方法首先提取图像和视频的静态特征，其中视频静态特征的提取需要先进行关键帧提取，然后提取关键帧的静态特征。之后提取视频的动态特征，经过核主成分分析降维后的特征，分别训练两个分类器，一个是基于图像和带标记视频静态特征的分类器 A，另一个是基于带标记视频和未标记视频混合特征的分类器 AB。最后通过分类器迁移的方式，融合两个分类器的识别结果，其具体过程如图 4-35 所示。

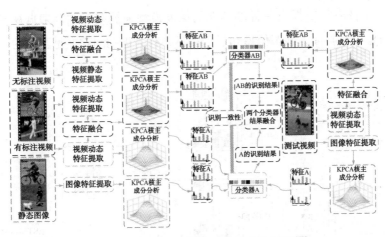

图 4-35　图像到视频自适应算法的框架[95]

Sun 等[96] 提出一种在图像和视频帧上迭代训练共享 CNN 模型的域迁移方法来解决行为定位问题。假设训练数据中只有按动作名称查询的 web 图像和视频，即弱标注的视频，为使这些弱标注起到正面效应，可以通过使用这些弱标注来识别与动作对应的时间段，并学习推广到无约束网络视频的模型。如图 4-36 所示，通过使用预先训练的深度卷积神经网络在视频帧和网络图像之间进行跨域迁移，来联合过滤非动作类 web 图像和非动作类视频帧。以弱视频标签和带噪图像标签作为输入，生成局部动作帧作为输出，即 LAF（Localized Action Frames）模型。然后，使用过滤后的图像学习提出的 LAF 模型，该模型将 LAF 分数分配给训练视频帧。最后，我们训练基于 LSTM 的细粒度动作检测器，其中每个时间步的误分类惩罚由 LAF 分数加权。

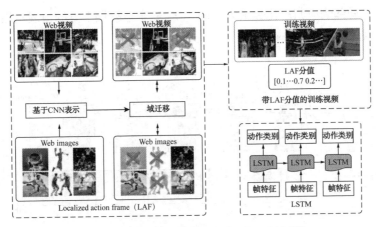

图 4-36　篮球扣篮视频 LAF 框架示意图[96]

Ramasinghe 等[97] 提出一种端到端的深度模型来提取并融合来自视频的静态和运动信息，并验证了静态信息和运动信息在行为识别问题上是互补的。

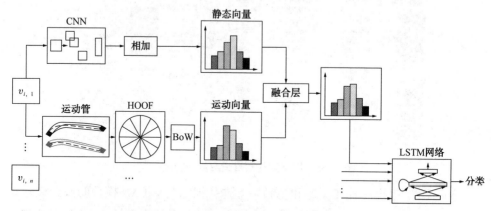

图 4-37　静态和运动特征结合框架 [97]

如图 4-37 所示，整个过程包括五个主要步骤：

（1）分割视频：将视频分割成 15 帧的小片段，具有固定的帧叠。为这些片段中的每一个执行特征构造管道

（2）提取静态特征：用 ImageNet 训练一个卷积神经网络 CNN，并将最后一个 softmax 层的输出向量作为特征，在此基础上获得片段的静态特征。用于生成静态特征的 CNN 体系结构如图 4-38 所示，其中 CNN 由五个卷积层、两个完全连接的层和一个 softmax 层组成。每个卷积层的详细信息按照以下格式提供在每个层的顶部：（卷积层的数量 × 滤波器宽度 × 滤波器高度、卷积步长、空间填充、添加了局部响应归一化、最大池因子）。完全连接层上方的值表示层的维度。这里使用 ReLu 作为激活函数。

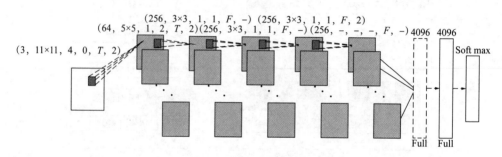

图 4-38　产生静态特征的 CNN 结构

（3）提取运动特征：选择稠密轨迹作为底层的运动描述符，在此基础上构造词典，将每个轨迹点聚类到聚类组后，忽略不显著的聚类组，这样做是为了防止算法聚焦于视频中的小随机运动区域。动作框是方形区域，在每一帧中都表现出显著的运动，使用"动作框"跟踪跨帧的每个移动区域，创建跨帧的运动管，这里将运动管的创建限制在重要和描述性的区域。基于"动作框"，提取光流方向直方图（Histogram Oriented Optic Flows，HOOF），并生成字典，形成动态特征。

（4）融合静态和运动特征：静态和运动信息对动作识别都至关重要，但最终的准确度取决于每个域的贡献度，最佳贡献可能取决于视频中运动信息的丰富程度。融合层根据贡献度，形成静态和动态特征融合之后的表示。

（5）捕获子事件的时间演化。静态和运动特征是独立和互补的。基于预先训练的 CNN 生成静态特征，基于运动管生成运动特征，使用 LSTM 网络捕获子事件的时间演化。

4.4　本章小结

本章主要从骨架节点的人体行为识别、深度信息下的人体行为识别以及跨域的人体行为识别三个方面介绍人体行为识别中的最新进展。随着深度神经网络的发展以及各种机器学习算法的发展，很多最新的技术用于人体行为识别中，这些技术在一定程度上对传统人体行为识别技术上的难点进行突破，如利用最新的传感器捕获到的骨架信息弥补传统的 RGB 信息容易受到光照等影响的缺陷；利用深度图来解决前景和背景复杂交叉时背景干扰带来的人体行为识别难的问题；利用红外等信息和 RGB 一起实现的跨光谱人体行为识别，可以充分解决光线不足时的人体信息的定位难的问题；而跨视角和跨媒体的人体行为识别，利用多视角以及图像等静态数据，实现信息互补情况下的人体行为识别的性能提升。

参　考　文　献

［1］Gunnar Johansson. Visual perception of biological motion and a model for it is analysis. Perception and Psychophysics，1973，14（2），201–211.

［2］A Krizhevsky，I Sutskever，G E Hinton. Imagenet classification with deep convolutional neural networks，in International Conference on Neural Information Processing Systems，2012.

［3］G Lev，G Sadeh，B Klein. RNN Fisher Vectors for Action Recognition and Image Annotation，2016.

〔4〕G Cheron, I Laptev, C Schmid. P-cnn : Pose-based cnn features for action recognition, IEEE International Conference on Computer Vision, 2016.

〔5〕S Yan, Y Xiong, D Lin. Spatial temporal graph convolutional networks for skeleton-based action recognition. AAAI, 2018 : 7444-7452.

〔6〕Bin Ren, Mengyuan Liu, Runwei Ding. A Survey on 3D Skeleton-Based Action Recognition Using Learning Method. Computer Vision & Pattern Recognition, 2020.

〔7〕C Xiao, Y Wei, W Ouyang. Multi-context attention for human pose estimation. Computer Vision & Pattern Recognition, 2017.

〔8〕Y Wei, W Ouyang, H Li. End-to-end learning of deformable mixture of parts and deep convolutional neural networks for human pose estimation. Computer Vision & Pattern Recognition, 2016.

〔9〕C Si, W Chen, W Wang. An attention enhanced graph convolutional lstm network for skeleton-based action recognition, 2019.

〔10〕Z Zhang. Microsoft kinect sensor and its effect. IEEE Multimedia, 2012, 19 (2): 4-10.

〔11〕W Li, Z Zhang, Z Liu. Action recognition based on a bag of 3d points. CVPR Workshops, 2010.

〔12〕J Sung, C Ponce, B Selman. Saxena, Human activity detection from rgbd images. AAAI Workshops, 2011.

〔13〕B Ni, G Wang, P Moulin. Rgbd-hudaact : A color-depth video database for human daily activity recognition. ICCV Workshops, 2011.

〔14〕J Wang, Z Liu, Y Wu. Mining actionlet ensemble for action recognition with depth cameras. CVPR, 2012.

〔15〕L Xia, C C Chen, J Aggarwal. View invariant human action recognition using histograms of 3d joints. CVPR Workshops, 2012.

〔16〕Z Cheng, L Qin, Y Ye. Human daily action analysis with multi-view and color-depth data. ECCV Workshops, 2012.

〔17〕H S Koppula, R Gupta, A Saxena. Learning human activities and object affordances from rgb-d videos. IJRR, 2013.

〔18〕O Oreifej, Z Liu. Hon4d : Histogram of oriented 4d normals for activity recognition from depth sequences. CVPR，2013.

［19］P Wei，Y Zhao，N Zheng. Modeling 4d human object interactions for event and object recognition. ICCV，2013.

［20］J Wang，X Nie，Y Xia. Cross-view action modeling，learning，and recognition. CVPR，2014.

［21］H Rahmani，A Mahmood，D Q Huynh. Hopc：Histogram of oriented principal components of 3d point clouds for action recognition. ECCV，2014.

［22］K Wang，X Wang，L Lin. 3d human activity recognition with reconfigurable convolutional neural networks. ACM MM，2014.

［23］C Chen，R Jafari，N Kehtarnavaz. Utd-mhad：A multimodal dataset for human action recognition utilizing a depth camera and a wearable inertial sensor. ICIP，2015.

［24］H Rahmani，A Mahmood，D. Huynh，A Mian，Histogram of oriented principal components for cross-view action recognition. TPAMI，2016.

［25］N Xu，A Liu，W Nie. Multi-modal & multi-view & interactive benchmark dataset for human action recognition. ACM MM，2015.

［26］J F Hu，W S Zheng，J Lai. Jointly learning heterogeneous features for rgb-d activity recognition. IEEE Transactions on Pattern Analysis and Machine Intelligence，2017，39（11）：2186-2200.

［27］Jun Liu，Amir Shahroudy，Mauricio Perez. NTU RGB+D 120：A Large-Scale Benchmark for 3D Human Activity Understanding. IEEE Transactions on Pattren Anglysis and Machine Intelligence，2020，42：2684-2701.

［28］A B Tanfous，H Drira，B B Amor. Coding kendall's shape trajectories for 3d action recognition. CVPR，2018.

［29］W Li，L Wen，M C Chang. Adaptive rnn tree for large-scale human action recognition. IEEE International Conference on Computer Vision，2017.

［30］H Wang，W Liang. Modeling temporal dynamics and spatial configurations of actions using two-stream recurrent neural networks. 2017.

［31］J Liu，A Shahroudy，D Xu. Spatio-temporal lstm with trust gates for 3d human action recognition. 2016.

［32］C Xie，C Li，B Zhang，C Chen. Memory attention networks for skeleton-based action recognition. 2018.

[33] L Lin, Z Wu, Z Zhang, H Yan. Skeleton-based relational modeling for action recognition. 2018.

[34] L Shuai, W Li, C Cook. Independently recurrent neural network (indrnn): Building a longer and deeper rnn. 2018.

[35] J Liu, G Wang, P Hu, L Y Duan. Global context aware attention lstm networks for 3d action recognition. IEEE Conference on Computer Vision & Pattern Recognition, 2017.

[36] I Lee, D Kim, S Kang. Ensemble deep learning for skeleton-based action recognition using temporal sliding lstm networks. IEEE International Conference on Computer Vision, 2017.

[37] Z Ding, P Wang, P O Ogunbona. Investigation of different skeleton features for cnn-based 3d action recognition. IEEE International Conference on Multimedia & Expo Workshops, 2017.

[38] Y Xu, W Lei. Ensemble one-dimensional convolution neural networks for skeleton-based action recognition. IEEE Signal Processing Letters, 2018, 25 (7): 1044-1048.

[39] P Wang, W Li, C Li. Action recognition based on joint trajectory maps with convolutional neural networks. Acm on Multimedia Conference, 2016.

[40] L Bo, Y Dai, X Cheng. Skeleton based action recognition using translation-scale invariant image mapping and multiscale deep cnn. IEEE International Conference on Multimedia & Expo Workshops, 2017.

[41] L Yanshan, X Rongjie, L Xing. Learning shape motion representations from geometric algebra spatio-temporal model for skeleton-based action recognition. IEEE International Conference on Multimedia & Expo, 2019.

[42] M Liu, L Hong, C Chen. Enhanced skeleton visualization for view invariant human action recognition. Pattern Recognition, 2017, 68: 346-362.

[43] C Caetano, J Sena, F Bremond. Skelemotion: A new representation of skeleton joint sequences based on motion information for 3d action recognition. IEEE International Conference on Advanced Video and Signal-based Surveillance (AVSS), 2019.

［44］C Caetano，F Bremond，W R Schwartz. Skeleton image´representation for 3d action recognition based on tree structure and reference joints. Conference on Graphics，Patterns and Images（SIBGRAPI），2019

［45］A H Ruiz，L Porzi，S R Bulo. 3d cnns on distance matrices for human action recognition. ACM，2017.

［46］M Li，S Chen，X Chen. Actional structural graph convolutional networks for skeleton-based action recognition. The IEEE Conference on Computer Vision and Pattern Recognition，2019.

［47］Rosin P L，Lai Y K，Shao L. RGB-D Image Analysis and Processing. Advances in Computer Vision and Pattern Recognition，2019.

［48］Muhammad Bilal Shaikh，Douglas Chai. RGB-D Data-Based Action Recognition：A Review. Sensors，2021，21，4246：1-25.

［49］Keselman L，Woodfill J I，Grunnet-Jepsen A. Intel（R）RealSense（TM）Stereoscopic Depth Cameras. Proceedings of the IEEE Conference on Computer Vision and Pattern Recognition. 2017，21-26：1267-1276.

［50］Coroiu A D C A，Coroiu，A. Interchangeability of Kinect and Orbbec Sensors for Gesture Recognition. Proceedings of the 2018 IEEE 14th International Conference on Intelligent Computer Communication and Processing，2018，6 8：309 315.

［51］Villena-Martínez V，Fuster-Guilló A，Azorín-López J. A Quantitative Comparison of Calibration Methods for RGB-D Sensors Using Different Technologies. Sensors，2017，17.

［52］Y Zhu，W Chen，G Guo. Evaluating spatiotemporal interest point features for depth-based action recognition. Image and Vision Computing，2014，32（8）：453-464.

［53］X Yang，C Zhang，Y Tian. Recognizing actions using depth motion maps-based histograms of oriented gradients. Proceedings of the 20th ACM international conference on Multimedia，2012：1057-1060.

［54］J Wang，Z Liu，Y Wu，et al. Mining actionlet ensemble for action recognition with depth cameras. CVPR，2012：1290-1297.

［55］J Wang，Z Liu，J Chorowski，et al. Robust 3D Action recognition with random occupancy patterns. ECCV，2012：872-885.

[56] A W Vieira, E R Nascimento, G L Oliveira, et al. STOP : Space-time occupancy patterns for 3D action recognition from depth map sequence. Proceedings of the 17th Iberoamerican Congress on Pattern Recognition, 2012 : 252-259.

[57] Z Cheng, L Qin, Y Ye, et al. Human daily action analysis with multi-view and color-depth data. ECCV-workshops and Demonstrations, 2012 : 52-61.

[58] L Xia, J K Aggarwal. Spatio-temporal depth cuboid similarity feature for activity recognition using depth camera. CVPR, 2013 : 2834-2841.

[59] O Oreifej, Z Liu. HON4D : histogram of oriented 4D normal for activity recognition from depth sequence. CVPR, 2013 : 716-723.

[60] X Yang, Y Tian. Super normal vector for activity recognition using depth sequence. CVPR, 2014 : 804-811.

[61] H Rahmani, A Mahmood, D Huynh, et al. HOPC : histogram of oriented principal components of 3D point clouds for action recognition. ECCV, 2014 : 742-757.

[62] P Wang, W Li, Z Gao, et al. Action recognition from depth maps using deep convolutional neural networks. IEEE Transactions on Human-Machine Systems, 2016, 46 (4): 498-509.

[63] L Shao, Z Cai, L Liu, et al. Performance evaluation of deep feature learning for RGB-D image/video classification. Information Sciences, 2017 : 266-283.

[64] S Z Li, B Yu, W Wu, et al. Feature learning based on SAE-PCA network for human gesture recognition in RGBD images. Neurocomputing, 2015, 151, part 2 : 565-573.

[65] H Liu, M Yuan, F Sun. RGB_D action recognition using linear coding. Neurocomputing, 2015, 149 : 79-85.

[66] A A Liu, W Z Nie, Y T Su, et al. Coupled hidden conditional random fields for RGB-D human action recognition. Signal Processing, 2015, 112 : 74-82.

[67] Y Kong, Y Fu. Bilinear heterogeneous information machine for RGB-D action recognition. CVPR, 2015 : 1054-1062.

[68] A Shahroudy, T Ng, Y Gong, et al. Deep multimodal feature analysis for action recognition in RGB+D videos. IEEE Transactions for Pattern Analysis and Machine

Intelligence. 2018，40（5）：1045–1058.

［69］A A Chaaraoui，J R Padilla–Lopez，F Florez–Revuelta. Fusion of skeletal and silhouette–based features of human action recognition with RGB–D devices. ICCVW，2013：91–97.

［70］J Sung，C Ponce，B Selman，et al. Unstructured human activity detection from RGBD images. Proceedings of the 2012 IEEE International Conference on Robotics and Automation，2012：842–849.

［71］Y Zhu，W Chen，G Guo. Fusing spatiotemporal features and joints for 3d action recognition. CVPRW，2013：486–491.

［72］Mengyang Yu，Li Liu，Ling Shao. Structure–Preserving Binary Representations for RGB–D Action Recognition. IEEE Transactions on Pattern Analysis and Machine Intelligence，2016，38：1651–1664.

［73］Amir Shahroudy，Gang Wang，Tian–Tsong Ng. Multi–modal feature fusion for action recognition in rgb–d sequences. ISCCSP，2014：73–76.

［74］Y Guo，D Tao，W Liu，et al. Multiview Cauchy estimator feature embedding for depth and inertial sensor–based human action recognition. IEEE Transactions on Systems，Man，and Cybernetics：Systems，2017，47（4）：617–627.

［75］刘阳. 基于迁移学习的跨域人体行为识别研究. 西安：西安电子科技大学，2019.

［76］Zhu Y，Guo G. A study on visible to infrared action recognition. IEEE Signal Process Letter，2013，20（9）：897–900.

［77］Gao C，Du Y，Liu J，et al. A new dataset and evaluation for infrared action recognition. Chinese Conference on Computer Vision，2015：302–312.

［78］Gao C，Du Y，Liu J，et al. Infar dataset：Infrared action recognition at different times. Neurocomputing，2016，212：36–47.

［79］Zhuolin Jiang，Viktor Rozgic，Sancar Adali. Learning Spatiotemporal Features for Infrared Action Recognition with 3D Convolutional Neural Networks. CVPRW，2017：115–123.

［80］Yang Liu，Zhaoyang Lu，Jing Li，Tao Yang. Global Temporal Representation based CNNs for Infrared Action Recognition. IEEE Signal Processing Letters，2018，25（6）：848–852.

［81］Ali Farhadi, Mostafa Kamali Tabrizi. Learning to recognize activities from the wrong view point. ECCV, 2008: 154-166.

［82］Zhong Zhang, Chunheng Wang, Baihua Xiao. Cross-view action recognition using contextual maximum margin clustering. IEEE Transactions on Circuits and Systems for Video Technology, 2014, 24（10）: 1663-1668.

［83］Jingen Liu, Mubarak Shah, Benjamin Kuipers. Cross-view action recognition via view knowledge transfer. Computer Vision & Pattern Recognition, 2011.

［84］J Zhang, Z Jiang, R Chellappa. Cross-view action recognition via transferable dictionary learning. IEEE Trans. Image Processing, 2016, 25（6）: 2542-2556.

［85］Ruonan Li, Todd Zickler. Discriminative virtual views for cross-view action recognition. CVPR, 2012: 2855-2862.

［86］Zhong Zhang, Chunheng Wang, Baihua Xiao. Cross-View Action Recognition via a Continuous Virtual Path. CVPR, 2013: 2690-2697.

［87］Jingjing Zheng, Zhuolin Jiang, P Jonathon Phillips. Cross-View Action Recognition via a Transferable Dictionary Pair. BMVC, 2012: 1-11.

［88］Xinxiao Wu, Han Wang, Cuiwei Liu. Cross-view Action Recognition over Heterogeneous Feature Spaces. ICCV, 2013: 609-616.

［89］Wanchen Sui, Xinxiao Wu, Yang Feng. Heterogeneous discriminant analysis for cross-view action recognition. Neurocomputing, 2016, 191: 286-295.

［90］Chen Zu, Daoqiang Zhang. Canonical sparse cross-view correlation analysis. Neurocomputing, 2016, 191: 263-272.

［91］Jing Wang, Huicheng Zheng, Jinyu Gao. Cross-view action recognition based on a statistical translation framework. IEEE Transactions on Circuits and Systems for Video Technology, 2014.

［92］Yu Kong, Zhengming Ding, Jun Li. Deeply learned view-invariant features for cross-view action recognition. IEEE Transactions on Image Processing, 2017, 26（6）: 3028-3037.

［93］Anwaar Ulhaq, Xiaoxia Yin, Jing He. On space-time filtering framework for matching human actions across different viewpoints. IEEE Transactions on Image Processing, 2018, 27（3）: 1230-1242.

［94］Hossein Rahmani, Ajmal Mian, Mubarak Shah. Learning a deep model for human action recognition for novel viewpoints. IEEE Transactions on Pattern Analysis and Machine Intelligence, 2018, 40（3）: 667–681.

[95] Jianguang Zhang, Yahong Han, Jinhui Tang. Semi- supervised image–to–video adaptation for video action recognition. IEEE Transactions on Cybernetics, 2017, 47（4）: 960–973.

[96] Chen Sun, Sanketh Shetty, Rahul Sukthankar. Temporal localization of fine-grained actions in videos by domain transfer from web images. Proceedings of ACM Conference on Multimedia Conference, 2015: 371–380.

[97] Sameera Ramasinghe, Jathushan Rajasegaran, Vinoj Jayasundara. Combined static and motion features for deep–networks based activity recognition in videos. IEEE Transactions on Circuits and Systems for Video Technology, 2018: 1–16.

第 5 章　总结与展望

本书主要针对人体行为的特征表示与识别中的一些关键技术展开相关研究，在全局特征表示和局部特征表示方面，可以得到如下一些结论：

1. 虽然特征全局表示被认为依赖于预处理步骤，例如背景减法和跟踪，但通过简单地使用帧差分操作，本书中提出的全局特征表示也可获得与现有技术相近的性能。全局特征表示方法的有效性在很大程度上取决于动态行为的结构信息。随着视觉跟踪、背景减法和检测等技术的进步，全局特征表示方法仍然可以得到应用。

2. 基于运动和结构特征是动作的主要线索这一事实，通过运动历史图像（MHI）和结构平面（实际上是称为特征映射的 2D 图像），从视频序列中提取这些特征，结合基于二维 Gabor 滤波器和最大池从特征图中提取有效的生物启发特征，有助于提升全局特征表示的有效性。

3. 将拉普拉斯金字塔的思想从图像域扩展到了时空视频域，将时空拉普拉斯金字塔作为一种多分辨率技术应用于视频领域进行人体行为识别，通过将 Gabor 滤波器和最大池化扩展到 3D，所提出的基于时空拉普拉斯金字塔编码的全局描述符，具有较好的全局特征表示力。

4. 视频序列中的人体行为可以看作是时空维度上的各方向模式组合。为了有效地捕获方向信息，将多分辨率技术、时空拉普拉斯金字塔和方向可调滤波器相结合，可用于人体行为的全局表示。

5. 自 BoW 模型引入以来，由于其理论上的简单性和高效的实现，局部方法在人体行为识别中占据主导地位，目前大多数局部方法都是基于 BoW 模型及其变体。然而，矢量量化和结构信息的丢失将成为基于 BoW 模型的局部方法的瓶颈。此外，BoW 模型也会由于量化而影响局部特征描述符的有效性。

6. 基于图像到类（I2C）距离的方法，例如 NBNN、NBNN 核和局部 NBNN，显示了令人满意的结果。然而，基于 I2C 的方法的缺点之一是由于局部特征的最近邻搜索而导致的计算负担。如果存在大量的局部特征，例如密集的轨迹，尤其是当局部特征位于高维空间时，这一问题往往难以解决。因此，本书提出了一种基于 I2D 距离的局部特征降维算法。使用的标准是最小化局部特征到它们自己的类的 I2C 距离，同时最大化到它们不属于的类的 I2C 距离。嵌入后，基于 I2C 距离的方法比 NBNN、NBNN 核和局部 NBNN 得到了显著改进。

7. I2C 距离实际上是局部特征描述符的条件概率的近似值，该距离不具有鲁棒性。本书针对局部特征降维问题，提出了一种新的基于局部高斯的判别嵌入算法。该嵌入算法对人体行为识别具有很强的鲁棒性。

人体行为识别目前在智能监控、人机交互和运动分析等领域扮演着重要的角色。随着视频数据量的快速增长和新兴模态视频的不断涌现，使得对视频内容分析和理解越来越重要，并且随着大数据时代互联网快速发展和深度学习技术爆炸式发展，推动视频内容分析向实用化和复杂化发展。在人体行为识别的未来发展方向中，除了本书介绍的骨架节点的人体行为识别、深度信息下的人体行为识别和跨域的人体行为识别之外，还有一些其他的发展方向，如面向边缘智能的人体行为识别等。

随着工业物联网和云计算的发展以及深度学习对计算资源需求的增加，将深度学习下的人体行为识别应用在边 - 云框架下是一种未来发展的趋势。其核心思想是基于深度学习在特征学习方面的优势，构建轻量型的识别网络，部署到边缘设备上，以支持基于边 - 云框架的多媒体物联网应用系统，从而为实时视频人体行为识别奠定技术基础。